食品加工学実習テキスト

宮尾茂雄・高野克己　編著

太田利子・太田義雄・塩見慎次郎・谷岡由梨・谷口亜樹子
仲尾玲子・野口智弘・古庄　律・吉田惠子・渡辺雄二　　共著

建帛社
KENPAKUSHA

まえがき

　われわれの祖先は，野菜や魚介類を乾燥，塩漬けにすることで長期に保存できることを経験的に学んだ．また，獣肉を塩漬けやくん製にすることで肉の保存性が高まるだけでなく，おいしくなることを知った．その後，フランスのルイ・パスツールは食物の発酵や腐敗が微生物の作用によることを科学的に明らかにし，ニコラ・アペールは，加熱殺菌による瓶詰を発明した．加熱殺菌技術が改良され，英国のピーター・デュランは缶詰を発明するに至った．これらの成果は今日の発酵食品や保存技術の礎となっている．このように古代から現代に至るまで，人びとは食べ物に対してさまざまな加工を施してきた．その目的は，食べ物を「おいしく」，「栄養が保たれ」，「安全な状態で長く保存し」，「運びやすい」ように加工することである．近年，加工食品は家計食料費の6割以上を占めるに至っており，今や加工食品を除いて食生活を考えることはできない．

　家政系の大学，短期大学ほか栄養士養成施設で学ぶ学生は，将来，病院，介護施設，学校，事業所などの大量給食施設，食品製造業，食品流通業あるいは保健所などの指導機関において活躍することになるが，立場の違いにより加工食品は，「製造するもの」，「流通するもの」，「消費するもの」として扱われる．このように立場によって加工食品に対する見方が異なるものの，それらの成り立ちに関する知識を身に付けておくことはとても大切なことである．食品加工学のような実学においては，食品加工の理論を書物や講義を通して理解することが基本であるが，それらを実習により自ら体験することによって理解を深め，知識を確実にしていくことが望まれる．このように食品加工学を学ぶうえで，加工理論と実習は車の両輪の関係にある．

　現在流通している加工食品の種類は膨大な数にのぼる．そのなかで，本書で対象とした加工食品は，原材料，加工法においてそれぞれ特徴がある代表的なものを採り上げるとともに，基本的には1回の実習時間中に完成することを前提とした．また，食品加工実習設備の実態を考慮し，特殊な機器を使用せずに比較的汎用されている機器類で製造可能なものを対象とした．

　本実習書の特徴は，加工実習時における使いやすさと読みやすさを最優先として構成したことである．食品加工の意義や食品加工法・保蔵に関する基礎的な理論は総論として冒頭にまとめた．つぎに実習テーマごとに①歴史・加工の背景，②製造原理，③規格・基準，④材料・用具，⑤製造工程，⑥要点，ならびに⑦評

まえがき

価，検査法，コラムで構成した。

「①歴史・加工の背景」では，テーマにあげた食品の来歴や食文化の背景などを記述し，学生が食品に親しみをもてるようにした。「②製造原理」では，原料から製品になるまでの過程を科学的にわかりやすく解説した。加工食品にはJAS規格や製造基準のあるものが多く，食品表示を理解するうえでも役立つことから，それらの概要を「③規格・基準」の項目のなかで記載するように努めた。「④材料・用具」では，1班6人を基準として使用量を決めた。「⑤製造工程」は，実習時に学生が見やすいように見開きとなるように配置するとともに製造工程をフローチャートで示し理解しやすいようにした。また，担当される先生が原材料の使用量，用具や製造工程の一部をアレンジされる場合もあることから，学生が記入できるスペースをメモ欄として設けた。「⑥要点」，「⑦評価」，「検査法」では，備考的な内容や実習中に実施できるpH計や屈折糖度計などを用いた簡易な測定法を中心に解説した。

前述したように，本書は実習時において学生が使いやすいことを最優先にしてテキストを構成したことから，記述内容が不十分な点も多々あると思われる。不足の部分は諸先生方からご指摘をいただき，しかるべき時期に改訂していきたいと考えている。

最後に，本書の出版にあたり多数の関連著書を参考にさせていただいたことに対し謝意を表すとともに，出版の労をとられた建帛社に対し心から感謝申し上げる。

2013年3月　　　　　　　　　　　　　　　　　　　　著者一同を代表して
　　　　　　　　　　　　　　　　　　　　　　　　　宮尾茂雄・高野克己

目　次

食品加工の意義　　　　　　　　　　　　　　　　　　　　（高野克己）… 2

食品加工・保蔵法の基礎

1. 水分活性 ……………………………………………（宮尾茂雄）… 3
2. 加工の基本となる保存技術 ………………………（宮尾茂雄）… 4
   1）乾　　燥 …… 4
   2）塩　　蔵 …… 5
   3）糖　　蔵 …… 6
   4）酸 貯 蔵 …… 7
   5）くん製 …… 7
3. 殺　　菌 ……………………………………………（高野克己）… 8
   1）殺菌法と微生物による汚染の防止法 …… 8
   2）微生物の耐熱性と食品の殺菌条件 …… 8
4. 加工食品の保存形態 ………………………………（高野克己）… 10
   1）瓶　　詰 …… 10
   2）缶　　詰 …… 10
   3）レトルト食品（レトルトパウチ食品）…… 10

農産加工品

穀　類
1. あんパン・ロールパン ……………………………（野口智弘）… 12
2. うどん ………………………………………………（塩見慎次郎）… 16
3. 中華めん ……………………………………………（仲尾玲子）… 20
4. そ　　ば ……………………………………………（吉田惠子）… 22

いも類
5. こんにゃく …………………………………………（仲尾玲子）… 26

果実・野菜類
6. いちごジャム ………………………………………（太田利子）… 30
7. りんごジャム ………………………………………（塩見慎次郎）… 34
8. マーマレード ………………………………………（太田利子）… 36
9. みかん瓶詰 …………………………………………（野口智弘）… 38
10. びわ瓶詰 …………………………………………（野口智弘）… 42
11. もも瓶詰 …………………………………………（野口智弘）… 44
12. トマトケチャップ ………………………………（塩見慎次郎）… 46

目　次

	13.	ふくじん漬け	（宮尾茂雄）	50
	14.	らっきょう甘酢漬・きゅうりピクルス	（太田義雄）	54
	15.	梅干し	（太田義雄）	58
	16.	はくさいキムチ	（宮尾茂雄）	62
	17.	中濃ソース	（宮尾茂雄）	66
豆　類	18.	もめん豆腐	（太田義雄）	70
	19.	みそ	（谷口亜樹子）	74
	20.	納豆	（吉田恵子）	78

水産加工品

魚介類	21.	さんま味付缶詰	（太田利子）	82
	22.	かまぼこ・さつま揚げ	（古庄　律）	86
	23.	いか塩辛	（谷口亜樹子）	90

畜産加工品

肉　類	24.	ソーセージ	（古庄　律）	94
	25.	ロースハム	（仲尾玲子）	98
	26.	牛肉大和煮缶詰	（古庄　律）	102
乳　類	27.	ヨーグルト	（谷岡由梨）	106
	28.	アイスクリーム	（渡辺雄二）	110
	29.	チーズ（カッテージ）	（渡辺雄二）	114
	30.	バター	（野口智弘）	118

菓子類

	31.	ビスケット	（谷口亜樹子）	122
	32.	あん・ようかん	（吉田恵子）	126
	33.	キャラメル・キャンディ	（渡辺雄二）	130

文　献 …… 135
索　引 …… 137

測定法

ガス保持力の測定 …… 15	糖度の測定 …… 33
ペクチン量の測定 …… 35	粘度の測定 …… 69
豆乳濃度の測定 …… 73	真空度の測定 …… 85
塩度の測定 …… 93	pHの測定 …… 109
色差の測定 …… 133	

食品加工学実習テキスト

総論
食品加工の意義

　人をはじめ生物は生命を維持するため，外部から栄養成分を摂取しなければならない。われわれ人類は，動物や植物を原料としてさまざまな食品を作り出し，それらの食品から必要な栄養成分を摂り入れている。このため，食品には，その栄養的な価値ならびに本来の品質や安全性が保持されることが求められる。

　狩猟や採取によって食料を得ていた時代から，約1万年前の農業革命によって農業や牧畜により食料が安定的に確保できるようになった今に至るまで，人類にとって食料の確保は生命維持の重要な課題である。

　このため，長い食料確保の歴史の中で，現在，われわれが享受している多様な食品と豊かで安全な食の基盤となっている，乾燥，くん煙，塩蔵，糖蔵ならびに殺菌など多くの手段が生み出されてきた。

　食品の原料は植物および動物の生命活動によって生産されるので，季節や地域による生産のかたより，気象など自然条件による豊作（豊漁）や凶作（不漁）など，種々の条件によって生産量が変動する。このため価格の変動もしばしば起こる。

　青果物，穀物，いも類，豆類は収穫後の呼吸作用によって，生命活動を失った肉・魚では内在する酵素作用によって成分が分解・変化して経時的に品質が低下する。また，あらゆる食品は微生物の増殖による腐敗をはじめ，成分の物理的変化や化学的変化にさらされている。

　食品の原料の生産は生物の活動によること，また食品は微生物をはじめ，熱，光，酸素，酵素などさまざまな要因によって品質が変化する。安全で，おいしく，栄養価値の高い食品を提供することが食品加工の意義であり，食品素材を加工し，①安全性，②保存性，③利便性，④嗜好性，⑤簡便性，⑥栄養性などの性質の付与が行われる。

総論
食品加工・保蔵法の基礎

　食品加工は，栄養性，嗜好性，安全性，保存性，利便性の向上などを目的に行われるもので，なかでも食品加工の基本となる保存技術として，乾燥，塩蔵，糖蔵，酸貯蔵，くん煙，加熱殺菌，低温貯蔵などをあげることができる。

　干物は乾燥させることによって保存性を高めている。食塩や砂糖は，味覚の向上をはかるだけでなく，食品の保存性を高める重要な役割を有している。塩蔵野菜や塩蔵水産物は長期間にわたって保存することができる。また，和菓子に使われる生餡は砂糖を含まないのできわめて変敗しやすい食材であるが，砂糖を加えることによって保存性が付与される。

　このように，食品を乾燥させ，あるいは食品に食塩や糖を加えることで保存性を向上させている。

1. 水分活性

　食品の保存に最も影響を与えるものは微生物である。微生物の増殖にはさまざまな環境要因が関与しているが，なかでも食品中の水分の影響が大きい。動物は水がなければ生きていくことができないのと同様，微生物も水分なしでは増殖することができない。

　食品に含まれる水分には，結合水と自由水がある。**結合水**は食品成分と水素結合や疎水結合などによって強く結合しているため，物質を溶解させる溶媒としては利用されない。また，凍結しにくく，微生物は利用できない水である。一方，**自由水**は，食品成分との結合が弱く，塩類などの溶媒や乾燥，吸湿の際に変動する水で，微生物の増殖に利用される。したがって，結合水が多く自由水の少ない食品は，微生物の増殖が抑制されるため保存性が良く，逆に，結合水が少なく自由水の多い食品は微生物の増殖が活発となるため保存性が劣る。

　食品中の水の存在状態を表す指標のひとつに**水分活性**（water activity：Aw）がある。水分活性（Aw）は，ある温度における純水の水蒸気圧（P_0）と食品の水蒸気圧（P）との比で表わされ，$Aw = P / P_0 = RH / 100$ の関係式が成り立つ。ここで**RH**は，ある温度で食品を密閉容器に置いた場合の容器内の**相対湿度**を表す。したがって，密閉容器内に入れられた食品の相対湿度が90％の場合，その食品の水分活性は0.90ということになる。水蒸気圧は自由水によってもたらされることから，水分活性は，自由水の割合を示す指標でもある。

総　論

　表1は，水分活性をもとに食品を分類したもので，水分活性と保存性との関連をよく理解することができる。

　多水分食品は，水分活性が0.90以上の食品で，野菜，果実，魚介類などの生鮮食品や水分の多い牛乳，ソーセージなど腐敗しやすい食品である。

　中間水分食品は，水分活性が0.65～0.85の食品で，水分は15～40％程度であるが，食塩濃度や糖濃度が比較的高く，通常の微生物は生育しにくい。ジャム，サラミソーセージ，塩辛，つくだ煮などがある。これらの食品は，保存性は良いが，耐塩性の微生物（主に酵母やかび）が増殖する場合がある。

　低水分食品は，水分活性が0.65未満の食品で，多くのものは水分が5％以下の食品である。微生物はほとんど生育できず極めて保存性が良い。これらには，脱脂粉乳，チョコレート，緑茶，乾燥野菜などがある。

　このように水分活性が低いほど微生物の増殖や褐変などの化学変化も抑制される。しかし，脂肪酸の酸化に関しては，水分活性が極端に低い場合は逆に進行しやすい。

表1　各種食品の水分活性

Aw	食　品　名
1.00～0.95	生鮮魚介類，食肉，野菜，果実，ソーセージ（セミドライ，ドライを除く），牛乳，バター，マーガリン，低塩ベーコン
0.95～0.90	プロセスチーズ，パン類，生ハム，ドライソーセージ，高食塩ベーコン，新巻ざけ（甘塩），のりつくだ煮
0.90～0.80	加糖練乳，ジャム，砂糖漬けの果皮，いか塩辛，ショ糖の飽和溶液（Aw：0.86）
0.80～0.70	糖蜜，つくだ煮，高濃度の塩蔵魚，食塩の飽和溶液（Aw：0.75）
0.70～0.60	精白米，パルメザンチーズ，コーンシロップ
0.60～0.50	チョコレート，小麦粉，乾めん，菓子
0.50～0.30	ココア，乾燥ポテトフレーク，ポテトチップス，クラッカー
0.2	粉乳，乾燥野菜，緑茶

（菅原編：改訂食品加工学，p.17，建帛社，2012.）

2. 加工の基本となる保存技術

1）乾　　燥

　冷蔵・冷凍や加熱殺菌の技術がなかった古代では，農産物や水産物を保存する

方法として乾燥が行われていた。乾燥は，食品から水分を減少させることによって水分活性を低下させ保存性を高める加工法である。乾燥は，微生物の増殖を抑制するだけでなく，酵素の作用を低下させ食品の変質を防止する。また，軽量化，小型化するのにも役立つ。

天日乾燥は，干物に代表される古くから行われていた乾燥法で，自然の太陽熱と風が利用される。ぶどう，だいこんなどの果実や野菜，あじや海藻などの魚介類，干し肉などの畜肉類に利用される。自然エネルギーを用いることから経済的であるが，天候に左右されやすいため，少量生産向きである。

熱風乾燥は，食品に機械的に熱風をあてることによって乾燥させるもので，大量に処理する場合に用いられる。装置には，箱型のものや連続的に乾燥ができるトンネル方式のものがある。

噴霧乾燥は，脱脂乳や果汁などの液状食品をノズルから霧状に噴射させ，それらに熱風をあてることによって短時間で粉末状に乾燥させるもので，インスタントコーヒーや粉ミルクを製造する際に利用される。

凍結乾燥は，$-30 \sim -40℃$で凍結させた食品を減圧下で昇華（固体から直接気体になること）によって乾燥させるもので，低温で処理されるため，ビタミンなどの有用成分の損失や加熱による変色，異臭の発生が抑制される。インスタント食品の具材やインスタントコーヒーなどの製造に用いられる。

マイクロ波乾燥は，マイクロ波の照射により食品中の水分子の振動・回転による摩擦熱によって短時間に食品が加熱されることを利用したものである。加熱による変質を抑制する目的から，減圧下で処理するマイクロ波乾燥機がある。

2）塩　　蔵

古代では，食品を保存する方法として乾燥のほかに塩蔵が行われていた。塩蔵は，魚，畜肉，野菜などを塩漬けすることによって**浸透圧**を高めて微生物が増殖するのに必要な自由水を奪い，保存性を付与するものである。したがって，乾燥によって微生物が利用できる自由水を減少させることと，食塩を加えることによって自由水を奪うことは，水分活性を低下させるということでは同様であるといえる。

通常，**腐敗細菌**は5～10％の食塩濃度で増殖は抑制されるが，**好塩菌，耐浸透圧性酵母**やかびは高濃度の食塩環境下でも生育できる。**表2**に水産加工品の水分活性と水分，食塩含量を示した。近年，食品の低塩化が進んでいることから，従来，塩蔵食品として流通していたものでも腐敗しやすくなっていることから，こ

れらの食品は冷蔵保存することが必要である。

　塩蔵には食塩水に食品を漬ける立塩法と，食塩を食品に直接加える撒塩法がある。

　立塩法（たてじおほう）は空気と遮断されるため酸化されにくく，均一に漬かる利点があるが，大量の食塩水や漬けるための容器，場所が必要なためコストがかかる。

　一方，**撒塩法**（まきじおほう）は直接食品の表面に食塩が接触することから脱水作用が強く，早く塩漬けができる。また，立塩法に比べて容器を必要としないことや食塩の使用量が少なくて済むなど経済的であるが，空気に直接ふれるので酸化しやすい点や

表２　水産加工品の水分活性と水分，食塩含量

食　品	Aw	水分（％）	食塩（％）
あじの開き	0.96	68	3.5
塩たらこ	0.915	62	7.9
うにの塩辛	0.892	57	12.7
塩ざけ（甘塩）	0.886	60	11.3
しらす干し	0.866	59	12.7
いかの塩辛	0.804	64	17.2
いわしの生干し	0.8	55	13.6
塩ざけ	0.785	60	15.4
かつおの塩辛	0.712	60	21.1

（菅原編：改訂食品加工学，p.22，建帛社，2012.）

塩漬けにむらができるなどの短所がある。

3）糖　　蔵

　ジャムや果実のシラップ漬けのように食品に砂糖などの糖類を加えて保存性を高めることを糖蔵という。糖を加えると**浸透圧**が高まり（水分活性は低下），微生物の増殖が抑制され保存性が向上する。浸透圧は，溶質のモル濃度に比例することから，同濃度であれば二糖類のショ糖よりも単糖類のブドウ糖や果糖の方が浸透圧が高い。通常，糖濃度が50〜60％以上になると一般の微生物の増殖は抑制されるが，耐糖性の酵母やかびは増殖することがある。ショ糖，食塩濃度と水分活性の関係については**表3**に示した。

表3 ショ糖，食塩濃度と水分活性

Aw	ショ糖（%）	食塩（%）
0.995	8.51	0.872
0.99	15.4	1.72
0.94	48.2	3.43
0.9	58.4	14.2
0.85	67.2	19.1
0.8	―	23.1

（菅原編：改訂食品加工学，p.22，建帛社，2012.）

4）酸貯蔵

　食品に醸造酢などの酸を加えてpHを下げることにより食品の保存性を高めることができるが，これは，pHが低いと微生物は生育できなくなることを利用したものである。微生物が生育に好適なpHは，通常のかび，酵母でpH4.0～6.0，細菌でpH7.0近辺の中性域である。したがって，酸でpHを低下させたらっきょう甘酢漬け，しょうが漬け，ピクルス，ウスターソースなどは微生物の増殖が抑制され，保存性が良い。同一pHの場合，塩酸などの無機酸よりも有機酸のほうが，微生物に対する抗菌性が強く。また，**有機酸**の中でもクエン酸，酒石酸，リンゴ酸よりも酢酸，乳酸の方が保存効果のあることが知られている。ヨーグルトやすぐき漬けのような乳酸発酵食品は乳酸が生成されることによって保存性が高まる食品であるが，これも酸貯蔵を応用したものである。

5）くん製

　くん製は，木材チップ（桜，楢（ナラ），椚（クヌギ）など）を不完全燃焼させた際に出るくん煙を食品の表面に付着させ，一部乾燥させるとともにくん製臭などの好ましい風味を付与し，同時に保存性を高めたものである。

　くん製品にはハム，ソーセージ，ベーコンなどの畜産加工品や，にしん，さけなどの水産加工品などがある。

　くん製による保存は，食品の表面が加熱により乾燥し，硬くなることに加え，くん煙に含まれるフェノール類，有機酸類，アルデヒド類などは強い抗菌力を有していることからさらに保存効果が向上する。くん煙方法には，温度と時間により**冷燻法**（れいくんほう）（10～30℃，1～3週間），**温燻法**（おんくんほう）（50～90℃，数時間ないし3～4日），**熱燻法**（ねっくんほう）（120～160℃，2～4時間），のほか**液燻法**（えきくんほう）がある。

3. 殺　　菌

1）殺菌法と微生物による汚染の防止法

　加熱殺菌は，食品の微生物による腐敗を防ぐために開発された，加熱により微生物を死滅させる方法であり，瓶詰，缶詰，レトルト食品の製造に広く用いられている。殺菌法の開発はフランス人の**ルイ・パスツール**（1822-1895）によるもので，1861年，パスツールは60℃で30分間，ワインを加熱するとワインが腐敗しないこと見いだし，ワインを腐敗させる微生物を殺すことができることを発見した。パスツールが発見した殺菌法は低温殺菌法と呼ばれ，現在も食品の殺菌法として使われるとともに，他の加熱殺菌の基礎となっている。パスツールの研究により，食品の腐敗は微生物によって引き起こされ，発酵と腐敗がともに，微生物の増殖による現象であることが明らかにされた。なお，わが国ではパスツールより約300年前の室町時代後期に，酒の腐敗防止にパスツールが発見した加熱殺菌法とほぼ同じ**「火入れ」**とよばれる方法が使われていた。

　しかし，われわれの生活環境は無菌ではなく，常に微生物が生息している。殺菌された食品でも，開封後そのまま放置すれば，たちまち微生物が付着し増殖が始まる。パンや餅の表面にさまざまな色の斑点がみられることがあるが，これは，かびの繁殖によるものである。食品を微生物の腐敗作用から保護するためには，殺菌後の微生物による汚染を防ぐため，食品を耐熱性の容器に密封し**容器ごと殺菌する方法**と，**殺菌した食品を無菌環境下で殺菌した容器に封入する方法**がある。前者には瓶詰，缶詰，レトルト食品がある。後者には無菌米飯，牛乳，酒，チーズ，ハム類，果汁飲料などにみられる無菌包装（充てん）食品がある。

2）微生物の耐熱性と食品の殺菌条件

　微生物は種類によって耐熱性が異なる。**表4**に示したように，かび類，酵母類やサルモネラ菌などの食中毒を発生させる病原菌を含む細菌は60～80℃で死滅するものが多い。しかし，バチルス菌やボツリヌス菌の芽胞は耐熱性が高く，その死滅には120℃以上の高温を必要とする。

　pHが微生物の耐熱性に大きな影響を及ぼすことが知られている。室温で長期間保存する瓶詰，缶詰，レトルト食品などでは，高い耐熱性をもつボツリヌス菌の芽胞を死滅させなければならない。同芽胞の耐熱性とpHの関係から導き出された食品の**殺菌条件**を**表5**に示した。pH3.7以下の高酸性食品では75～85℃の加

熱で済むが，pHが上昇すると殺菌に必要な温度が高くなり，pH5.0以上の低酸性食品では110℃以上，すなわち加圧条件下での殺菌が必要となる。食品ごとの殺菌条件を**表6**に示した。

表4　微生物の耐熱性

微生物の種類	死滅に必要な温度と時間	
	温度（℃）	時間（分）
酵母	54	7
かび	60	10〜15
サルモネラ菌	60	5
ブドウ球菌	60	15
大腸菌	60	30
乳酸菌	71	60
細菌の芽胞		
バチルス芽胞	100	1,200
ボツリヌス芽胞	100	800

表5　食品のpHと殺菌温度

pH	食品	殺菌温度の目安
50.以上	低酸性食品	110℃以上
4.6〜5.0	弱酸性食品	100〜110℃
3.7〜4.6未満	中酸性食品	90〜100℃
3.7以下	強酸性食品	75〜85℃

表6　各種缶詰食品のpHと殺菌条件

食品	pH	殺菌条件	
		温度（℃）	時間（分）
みかん	3.5	80	10〜15
もも	4.0	95	20〜30
トマト	5.1	85	20〜40
じゃがいも	6.2	115	50〜70
とうもろこし	6.9	120	50〜75
牛肉大和煮	5.6〜7.4	110	50〜80
コンビーフ	6.0	110	50〜90
さけ水煮	6.9	115	60〜80

総　論

4. 加工食品の保存形態

1) 瓶　詰

　殺菌した保存食品の形態として最も古く，1804年にフランスの**ニコラ・アペール**（1749-1841）が，密閉したガラス瓶に食品を入れて，高温で加熱すると食品を腐敗させず長期間保存できることを見い出した。ガラス容器は金属容器（缶）のように腐食されず内容物がみえる利点があるが，缶に比べ重く，温度の変化や衝撃に弱い。また，透明度を上げると遮光性が下がり，内容物が変色するなどの欠点を持つ。

ジュリエンヌ
（細切り野菜入り濃縮コンソメ）
均一な厚みを持つシャンパンの瓶は耐久性に優れていた。

うなぎのマトロート
（うなぎのワイン煮）

図　アペールの技法によって作製した復刻品

〔（公財）東洋食品研究所　提供〕

2) 缶　詰

　缶詰は，1810年にイギリスの**ピーター・デュラン**が，瓶に比べ軽くて強く，遮光性のブリキ缶を用いて製造したのが最初である。保存食，携帯食として，多様な食品が製造されている。

3) レトルト食品（レトルトパウチ食品）

　食品を袋（**パウチ**）に入れ，高圧釜（**レトルト**）で殺菌した食品である。耐熱性，空気透過性のない**透明パウチ**やこれに遮光性を付与した**ラミネートパウチ**がある。レトルトパウチの種類と対応する食品を**表7**に示した。

レトルト食品の殺菌は一般に120℃で行われるが，容器が袋状で熱伝導面積が大きく，缶詰にくらべ殺菌時間が1/2～1/3程度と短くてすむ。このため，食品本来の食感を保つことができる。

表7　レトルトパウチの容器とフィルムの構造

容器	フィルムの構造	食品
透明パウチ	ナイロン／ポリプロピレン	米飯類など
	ポリエステル／ナイロン／ポリプロピレン	
アルミパウチ	ポリエステル／アルミ箔／ポリエステル	カレー，ハンバーグ，ミートソースなど
	ポリエチレン／アルミ箔／ポリエチレン	
	ポリエステル／アルミ箔／ポリプロピレン	

●コラム

JAS制度

　JAS制度は「農林物資の規格化等に関する法律（JAS法）」に基づき，飲食料品等が一定の品質や特別な生産方法で作られていることを保証する制度である。

　農林水産大臣が制定した日本農林規格（JAS規格）による検査に合格した製品にはJASマークをつけることが認められる。

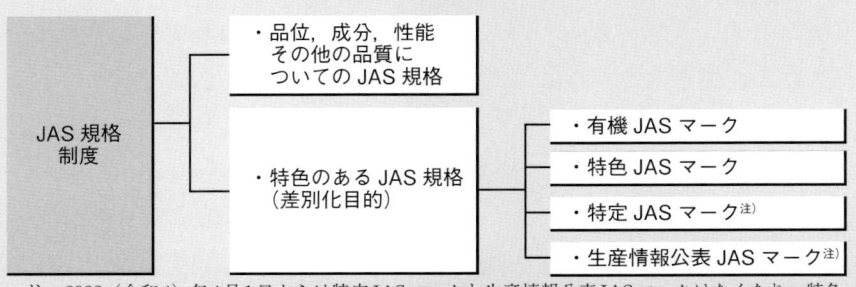

注：2022（令和4）年4月1日からは特定JASマークと生産情報公表JASマークはなくなり，特色JASマークのみの使用となる。

＊従来，JAS規格のある品目について表示の基準（品質表示基準制度）を定め，消費者に販売される全ての飲食料品等に表示を義務づけていたが，2015（平成27）年4月の「食品表示法」の施行に伴い，品質表示に関する規定は同法に移管された。

［農産加工品］穀　類
1. あんパン・ロールパン

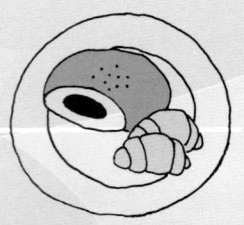

1. 歴史・加工の背景

　パンの原型は，紀元前4000年頃のメソポタミアで，小麦粉に水を加え捏ね，焼いたものとされる。現在，主に食されている酵母で発酵させたパンができたのは，紀元前3000年頃の古代エジプトといわれている。日本へは16世紀に種子島へ鉄砲とともに伝えられたとされる。日本ではじめて大量にパンが製造されたのは，1840年に始まったアヘン戦争により，イギリス軍が日本へも侵略すると考えた徳川幕府が，戦闘時の携帯食としてパンを用いようとしたときである。このときパン作りの指揮をとった江川太郎左衛門は，「パンの祖」として知られる。1875（明治8）年には酒種を利用した**あんパン**が発売されるなど，パン食が全国に普及した。第二次世界大戦後，食の洋風化が進みパンの消費は拡大し，2011年には一般家庭におけるパンの購入額が米の購入額を上回った。

2. 製造原理

　パンは，**小麦粉**に水，酵母，塩，砂糖などを加えて捏ねて，生地（dough，ドウ）をつくり，酵母の発酵により生地を膨らませ，それを焼成したものである。パンの内層には多くの気泡があるのでソフトな食感をもつが，これは，良好なグルテンにより**網目構造**が形成されることで，発酵時に生成される二酸化炭素の保持力が高くなり，大きく膨らむからである。**グルテン**は**グリアジン**と**グルテニン**の2種のたん白質が水を捏ねることで形成される複合たん白質である。パンの製造に**強力粉**が用いられるのは，強力粉ほどグルテン形成量が多いためである。パン生地の発酵には，酵母として出芽酵母の*Saccharomyces cerevisiae*（一般に**パン酵母**あるいは**イースト**とよばれる）が用いられ，生地中の糖質を分解することによって二酸化炭素を生成し，生地を膨張させる。同時に代謝産物によってパン特有の香りが形成される。パンの製造法には，原材料をはじめにすべて混捏する**直捏法**と，6〜7割の原材料を用いて生地を調製し，発酵させた後に残りの原材料を加え再度混捏する**中種法**がある。直捏法は生地が傷みやすいため家庭などでの少量生産向きであるが，中種法は生地に機械耐性があることから工場での大量生産に向いている。

1. あんパン・ロールパン

3. 規格・基準

パンは，小麦，酵母，塩，水などの基本原料のみで作るフランスパンのような**リーンパン**と，さらに砂糖や油脂，乳製品などを加える食パンや菓子パンのような**リッチパン**に大別される。JAS法による日本農林規格（JAS規格）はなく，品質表示基準において以下のように定義されている。

パン類品質表示基準（抜粋）

用　語	定　義
パン類	1　小麦粉又はこれに穀粉類を加えたものを主原料とし，これにイーストを加えたもの……（中略）……を練り合わせ，発酵させたもの（以下「パン生地」という。）を焼いたものであって，水分が10％以上のもの 2　あん，クリーム，ジャム類，食用油脂等をパン生地で包み込み，若しくは折り込み，又はパン生地の上部に乗せたものを焼いたものであって，焼かれたパン生地の水分が10％以上のもの 3　1にあん，ケーキ類，ジャム類，チョコレート，ナッツ，砂糖類，フラワーペースト類及びマーガリン類並びに食用油脂等をクリーム状に加工したものを詰め，若しくは挟み込み，又は塗布したもの
食パン	パン類の項1又は2に規定するもののうち，パン生地を食パン型（直方体又は円柱状の焼型をいう。）に入れて焼いたものをいう。
菓子パン	パン類の項2に規定するもののうち食パン以外のもの及び同項3に規定するものをいう。
その他のパン	パン類の項1に規定するものであって，食パン以外のものをいう。

4. 材料・用具

1）原材料（6人分：あんパン6個，ロールパン6個）

　パン生地：小麦粉270g（強力粉240g，薄力粉30g），牛乳150g，バターまたはマーガリン38g，砂糖30g，全卵30g，ドライイースト6g，食塩4.5g

　小倉あん：240g（1個40g）　　照りだし：全卵少々（少量の水でのばす）

　潤滑剤：ショートニング（ボールに塗る）

2）用具

　恒温器，オーブン，ボール，バンジュウ（薄型の運搬容器），天板，めん棒，スケッパー（生地を混ぜたり切ったりするへら），はけ，重量計

[農産加工品] 穀　類

5. 製造工程

強力粉・薄力粉・砂糖・ドライイースト・食塩	・粉体の原材料をよく混ぜる。
牛乳, 全卵 →	・牛乳は，冷えたものを用いる。
混捏（こんねつ）	・手に生地（ドウ）が着かなくなるまで捏ねる。
バター（マーガリン）→	・バター（マーガリン）を少量ずつ加え練り込む。
混捏	・生地を調理台に叩き付け，2つに折る。方向を変えながら，生地表面がしなやかになるまで繰り返す。
発酵（27℃, 湿度75%, 60分）	・生地を丸め，ボールの中に入れ恒温器へ入れる。この際，あらかじめボールにショートニングを塗っておく。 ・発酵は，27℃，湿度75%，60分間行う。
分割（40g）	・発酵後の生地を40gずつに分割する。
丸め	・分割した生地を丸める（あんパンは球状。ロールパンはバット状）。
ベンチタイム（15分）	・生地が乾かないようにバンジュウ等に入れ15分程度置く。
成形	・丸めた生地を成形する。
最終発酵（38℃, 湿度85%, 40分）	・成形したパンを天板にのせ，恒温器にて最終発酵（焙炉）を38℃，湿度85%，40分間行う。
照りだし	・表面に照りだしのため溶き卵を塗る。
焼成（190℃, 15分）	・オーブンにて190℃，15分間焼成する。
製品	

【メモ】

あんパン：球状に丸めた生地を均等に延ばし，あんをのせ包み込む。

ロールパン：バット状に丸めた生地を縦方向に延ばし，幅の広い方から巻き込む。

6. 要　　点

▶パンの種類とパン生地の強さ

　パンにはさまざまな種類があり，各々の特徴にあった**生地強度**が必要である。角形食パンのようなパンは，生地物性が強いものが適しているため，用いる小麦粉は，強力粉のみである。これに対し，ふんわりとした食感が求められる菓子パンなどは，生地物性は若干弱いものが適するため，強力粉に薄力粉等を混ぜ，グルテン量を減らし製造される。

測定法　ガス保持力の測定

　パンの品質は，生地（ドウ）のガス保持力が大きく関わっている。生地のガス保持力を測定するには，捏ね上げた生地20 gを100 mLのメスシリンダーの底に詰め，恒温器の中に入れ発酵させ，数分おきに膨化した生地の体積を測定する。良好な生地が形成されると，4〜5倍程度まで膨化する。

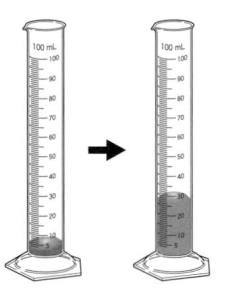

●コラム　　　　サワーブレッド

　サワーブレッドとは，酵母のほか乳酸菌などを主体に発酵させたパンで，非常に酸味の強い特徴をもつ。サワーブレッドには，ライ麦粉を原料に作る**ライサワーブレッド**と，小麦粉で作る**ホイートサワーブレッド**がある。ライサワーブレッドはドイツやスイスなどに多く，ホイートサワーブレットではサンフランシスコサワーブレッドが有名である。酸味形成に関与している乳酸菌は，各地域特有の菌が用いられており，酵母とともに**サワードウ**として受け継がれている。

　乳酸菌が生成する乳酸の効果として，酸味形成や防腐作用があるが，ライサワーブレッドにおいては，生地の膨らみに大きく関与している。ライ麦には，小麦のもつ**グリアジン**，**グルテニン**はほとんど含まれていないため，酵母が生成する二酸化炭素を保持する能力に欠ける。しかし，乳酸が生成されることによって生地が酸性となることから，ライ麦粉のたん白質が粘性をもち，二酸化炭素を保持できるようになり，パンの膨らみを得ている。

[農産加工品] 穀 類
2. うどん

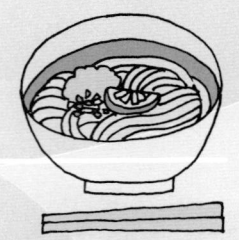

1. 歴史・加工の背景

　めん類は中国で生まれ，その製法が伝来したとされる。奈良時代に，うどん，そうめんなどと密接な関係があるとみられる混沌（こんとん）や索餅（さくべい），餺飩（はくたく）などの唐菓子が渡来した。この**混沌**がうどんの語源で，食べ物ということで食偏の「餛飩」，温めて食べることから「温飩」に変わり，さらに「饂飩」になったといわれる[1]。現在のうどんの製法は鎌倉時代以降に中国からもたらされた切り麦に当たる。小麦粉の生地をめん棒で延ばし，細く切ったものが**切り麦**，茹でて熱くしたものが**熱麦**（あつむぎ），冷やしたものが**冷や麦**，熱麦を熱い汁に浮かせたものが**うどん**とよばれた[1]。

　中華めんの起源も中国に求められる。中国北西部から東北にかけての土壌と井戸水が強いアルカリ性であることから，古くからアルカリ性のめんを作ることに馴染んだと考えられる。拉麺（ラーメン）の作り方は明の時代（16世紀）にはじめて記述されたが，これが現代の手延べ拉麺である。日本には横浜，神戸，長崎の開港後，明治になって移り住んできた中国人によって中華料理とともに導入された[2]。

2. 製造原理

　めん類は広義にはそば粉，米粉などの穀類の粉，いもや豆のでん粉で作ったものも含むが，一般には**小麦粉**を原材料とする。

　うどんには**中力粉**が用いられる。めん用中力粉のたん白質含量は8～10%であり，小麦粉に水（食塩水）を加えて捏ねると粘着性を有する**グリアジン**と弾力性をもつ**グルテニン**が結合して網目構造の**グルテン**が形成され，まとまった生地となる[3]。うどんはよく練った生地を線状に細長く延ばす（**手延べめん**）か，薄く延ばしためん帯からめん線を切り出した（**切りめん**）後，加熱・調理したものである。このようにして作られた生めんをゆでたものが**ゆでめん**である。中力粉に含まれるたん白質によって形成されるグルテンが適度の粘弾性を示すので，中力粉を用いると適度の**こし**の強さをもつうどんができる。

　中華めんは小麦粉（準強力粉）にアルカリ性の**かんすい**を加えて捏ね，製めんしたもので，独特の風味と弾力ある食感に特徴がある。かんすいを用いることで，小麦粉に含まれる**フラボノイド色素**が薄黄色に発色する[2]。それ以外の製造工程は，基本的にうどんと大きな違いはない。

3. 規格・基準

　めん類とは，小麦粉その他の穀粉類を主原料として，水などで練り合わせ線状または皮状に成形（製めん）加工して食用に供すものと定義づけられる[2]。日本で小麦粉を原料とする代表的なめん類は，うどん，中華めん，そうめん，ひやむぎなどである。現代の手打ちうどんや中華めんは切りめんの代表であり，手延べめんは素麺（そうめん）から進化したものである[1]。

　うどん類は生めん，乾めん，ゆでめんが主流である。1970年代に生めんを少し乾燥させて保存性を高めた半生めん，そして生産量・消費量を飛躍的に増大させた冷凍めんが開発された。JASによる品質表示基準では，乾めん類，手延べ干しめんについて次のように定義している。

乾めん類のJAS規格（抜粋）

用　語	定　　　　義
乾めん類	1　小麦粉又はそば粉に食塩，やまのいも，抹茶，卵等を加えて練り合わせた後，製めんし，乾燥したもの 2　1に調味料，やくみ等を添付したもの
干しそば	乾めん類のうち，そば粉を使用したもの。
干しめん	乾めん類のうち，干しそば以外のもの。

区　分		基　　　　準
食　味		調理後の食味が良好であり，かつ，異味異臭がないこと。
外　観		1　色沢及び形態が良好であること。 2　切損がほとんどないものであること。
原材料	食品添加物以外の原材料	めんの原材料は，次のもののみを使用することができる。 1　小麦粉（使用する小麦粉の灰分は，600℃燃焼灰化法によって測定したとき，0.4％以下とする。） 2　でん粉 3　食用植物油（めん帯又はめん線に塗付する場合に限る。） 4　食塩 5　抹茶及び粉末野菜

4. 材料・用具

1）**原材料**（6人分：1人当たり約120g）

　生　地：小麦粉500g（中力粉，うどん粉），水（粉の45％）225g（あらかじめ水に食塩を完全に溶かしておく），食塩17.5g（粉の3.5％）

　打ち粉：片栗粉，小麦粉またはコーンスターチ

2）**用　具**

　恒温器，鍋，ボール，めん切り包丁，めん棒，ざる，ラップフィルム，ポリ袋，重量計

[農産加工品] 穀 類

5. 製造工程

```
┌─────────┐
│  小麦粉  │
└────┬────┘
┌─────────┐
│食塩水(3回)│
└────┬────┘
┌─────────┐
│  混  和  │
└────┬────┘
     ↓
┌─────────┐
│  混  捏  │
└────┬────┘
     ↓
┌─────────┐
│ ねかし  │
│(30℃,約1時間)│
└────┬────┘
     ↓
┌─────────┐
│  圧  延  │
│(厚さ3〜4mm)│
└────┬────┘
     ↓
┌─────────┐
│ 切り出し │
│(幅3〜4mm)│
└────┬────┘
     ↓
```

- ボールに小麦粉を量り取る。

- 食塩水は，3回に分けて加える。

- はじめの食塩水と粉とを両手で粉をもむようにして混ぜる。細かい粒はやがて米粒大になる。
- 続いて食塩水をふり水し，両手でもみ手をするように混ぜる。
- 残りの食塩水を加え，まんべんなく混ぜ，全体に水が行きわたってから，押しつぶすようにして全体をまとめる。

- 手のひらのつけ根で上から押しつぶすように力を入れて十分に捏ね，表面が滑らかな弾力のある生地に仕上げる。
- 必要に応じて生地をポリ袋に入れ，足で踏んで十分に捏ねる。

- グルテンの網目構造の形成を助けるため，生地をラップに包み，恒温器にて30℃，約1時間ねかす。

- ラップを取り除いた生地を均等な厚さ（1cm程度）になるまで延ばす。打ち粉をした台の上に生地を置き，打ち粉をしながらめん棒で前後左右に平たく延ばす。
- 生地をめん棒に巻き付け，台の上を手前に転がしながら押して，さらに延ばす。別の方向からも3〜4回繰り返し，3〜4mmの厚さの円形にする。

- 延ばしためん帯の両面に打ち粉をして屏風のように折りたたみ，包丁で3〜4mm幅（割り箸程度）に切る。切り終わったら，生めんをほぐしながら打ち粉を取り除く。

【メ　モ】

2. うどん

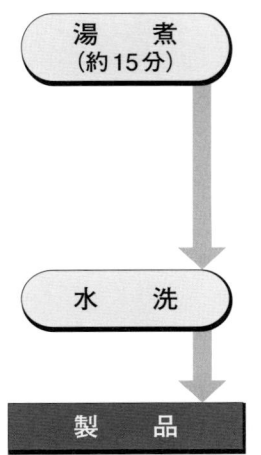

- 鍋にたっぷり湯を沸かし，めんをほぐして沸騰している中へ入れる。
- めんが浮き上がり，湯がふきこぼれる寸前に差し水をする。それ以後は，ふきこぼれない程度に火力を調整して，芯がなくなる（生の白い部分がなくなり透明になる）までゆでる（15分程度）。
- ゆで上がったらざるに移す。
- 流水（水道水）でもみ洗いをしながら表面のぬめりをとり，水を切る。
- めんつゆ，またはかけ汁につけて試食する。

【メモ】

6. 要　点

▶ **グルテンの網目構造と粘弾性，でん粉の老化**

　グルテンの網目構造が十分に形成されるよう，生地をよく練ることが大切である。手打ちうどんは，手足で生地を捏ね，めん棒で延ばすので生地を傷めず，グルテンは全方位に配向して網目構造を形成する。生地には独特の粘弾性があり，ゆでるとこしがあり，ゆるやかにでん粉は老化する。一方，機械うどんは，生地の圧延方向，グルテンの配向が一定となるため，生地の粘弾性やゆでたときのこしは手打ちに劣り，でん粉も老化が早い[2]。うどんはゆで直後から老化が始まり，時間とともに食味が低下する。干しうどんは，保存性はよいが，ゆで時間が長いため生うどんに比べて食味が劣る。生うどんは，食味はよいが保存期間が短い[2]。

7. 評　価

　うどんの品質は，小麦粉の質，加水量や食塩濃度，捏ね方，熟成条件によって大きく影響される。品質は，色が明るく冴えてきれいな感じがするか，煮くずれはないか，表面は滑らかか，食味・食感〔ソフトであるが歯ごたえ（弾力）がある，硬すぎてブツブツ切れる，軟らかすぎて歯ごたえがない〕などによって評価される。

　ゆで後の経時変化をみると，一般にめんは硬くなり切れやすくなる。これらを官能評価によって点数化する場合もある。評価の基準配点（例）を以下に示す（合計100点）[2]。

　　うどんの色：20点　　外観（はだ荒れ）：15点　　硬さ：10点
　　粘弾性：25点　　　　滑らかさ：15点　　　　　　食味：15点

　塩分濃度や小麦粉の種類を変えたうどんを同じ工程で製造し，品質を比較・検討することで，原材料の品質に及ぼす影響を調べることができる。夏は塩分濃度を高くし，冬は低くするのが一般的である。

[農産加工品] 穀 類
3. 中華めん

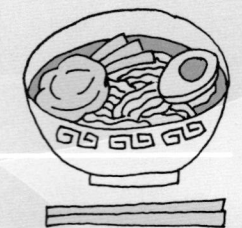

❶❷❸ については,「2. うどん」を参照。

4. 材料・用具

1）原材料（6人分：1人当たり約120 g）

生 地：小麦粉（準強力粉または中力粉）500 g, 全卵 60 g

副材料：かんすい〔市販のかんすい粉 4.25～10 g を 30℃のぬるま湯 200～175 g（準強力粉の場合 40～45％, 中力粉の場合 35％）に溶いたものを使用〕

※かんすいを用意できない場合は, 炭酸カリウムと炭酸ナトリウムの混合物（混合比 4：1）4.25 g（小麦粉に対して 0.85～2.0％）を 30℃のぬるま湯 200～175 g に溶解する。

打ち粉：中力粉やコーンスターチなど適量

2）用 具

製めん機（パスタマシーン）, ボール（ステンレスまたはホーロー製, 直径 36 cm, 12 L 前後）, 包丁, のし板（まな板）, めん棒, ふきん, ふるい, 重量計, 温度計

5. 製造工程

小麦粉
↓
ふるう
↓
全卵 →
↓
混合
↓
かんすい →
↓
混合（水回し）
↓
混捏（20～30分）
↓

・小麦粉をふるいにかけ, ボールに入れる。

・溶き卵を加える。
・粉全体がボロボロになるまで全体をよく混合する。
・かんすいをボールのまわりからまんべんなく加える。

・混合し, 手早くひとつにまとめる。

・生地が全体にまとまってから少なくとも 20～30 分は混捏を続ける。粉に対し水分量が少ないので十分な粘性にはならないが, できるだけなめらかになるよう両手で体重をかけ混捏する。

【メ モ】

3. 中華めん

熟成（30分～2時間）	・まとまった生地に濡れふきんを固く絞ってかけ，30分～2時間熟成させる。これは，水分の分布およびグルテン形成を促進するためである（生地温度28℃程度が望ましい）。
分割（各100～120g）	・包丁で100～120gに分割する。
圧延（厚さ5～6mm）	・各生地をのし板の上で打ち粉を使いながらめん棒で延ばし，厚さ5～6mmにする。
めん帯形成	・延ばした生地を製めん機のロールの一番厚い目盛で通す。これをさらに約半分の厚みの目盛で通す。 ・生地を2～3つにたたんで，さらに製めん機の厚い状態の目盛でロールにかけて圧延する（**合わせ工程**）。これを繰り返し，なめらかなめん帯を形成する。
圧延（厚さ2～3mm）	・めん帯を厚さ2～3mmに延ばす。
切断（約30cm）	・めん帯を包丁で半分の長さ（約30cm，中華めんを食べるときの長さ）に切断し，打ち粉をして重ねておく。
めん線切り出し（幅2mm）	・めん帯を製めん機のカッター部にかけ幅2mmのめん線に仕上げる。市販品よりめんの加水量が多めなので，めん線には打ち粉を十分に振っておく。
製品	・生めんなので当日，冷蔵保管でも一両日中に食する。

製めん機

【メ モ】

6. 要 点

▶使用する小麦粉

本来，中華めんは，機械による製めんで，強力粉・準強力粉が使用され，加水量も30％前後である。本実習では，生地の捏ねやすさ等を踏まえ，中力粉を原材料とする場合の加水量を併記した。

▶中華めんの特徴

かんすいのアルカリにより小麦粉の**フラボノイド色素**が発色し黄色みを帯び，中華めん独特の食感と香りが生成される。また，鶏卵を加えることで生地の滑らかさとおいしさが加わる。ゆで時間は，めん線の厚みにより変わるが1～2分である。この生めんを天ぷら油などで揚げると，鶏卵を使用しているため膨化のよい揚げめんを製造できる。

[農産加工品] 穀 類
4. そ ば

1. 歴史・加工の背景

　そばはタデ科に属する一年生の草本であり，生育期間が短いことから，救荒作物として稲，麦などの主食を補完するため栽培が行われていた。主要な栽培種としては，日本をはじめ，中国，ロシアあるいはカナダなどでの**普通そば**と，ネパール，ブータンなどでの**だったんそば**の2種がある。

　日本においては，縄文早期の古代住居址からそばの種実や花粉が出土しており，かなり早い時期に伝来していたことがわかっている[1]。鎌倉時代になり，中国から挽き臼が伝来し，鎌倉時代から室町時代にかけての文献には，そばが盛んに登場する。簡単な**そばがき**を筆頭として，平面状にして鍋に入れ，熱を通してからみそやしょうゆ味のつけ汁につける食べ方，薄く焼いた**おやき**，**せんべい**，中にあんを入れる**そば饅頭**，丸めて串に刺す**そば団子**などである。めんに加工されるのは戦国時代になってからで，この，そば切りを巡る「そば文化」が花開くのは，江戸時代になってからといわれる[2]。

2. 製造原理

　そば粉は，そばの実（**玄そば**）の殻をとり，中の実（**抜き**）を粉にしたものである。石臼で挽くと，中心部が一番もろいのでここから外側に挽かれる。最初に出る実の中心の白い粉は，芯粉で，組織が粗くまとまりにくいので打ち粉として用いる。次に挽かれるのは**一番粉**であり，色は白くでん粉が多く香りは控えめであるが，上品さが好まれる。次は胚乳の残りや胚芽の部分で，そばらしい色（緑色）や香りがあり，たん白質も10％含まれる**二番粉**である。さらに**三番粉**は，色は二番粉よりもずっと濃くなり，そば本来の香りも強い。たん白質も15％程含まれ栄養価は高いが，繊維質が多く含まれるので食感は劣る。

　製品としてのそば粉は，一番粉から三番粉をブレンドした**並粉**，一番粉である**更科粉**，殻をむいた実を全部挽きこんだ**挽きぐるみ**などがある。

　そば粉のたん白質は，**グロブリン**と**アルブミン**が主体で，グルテンを形成しないためう

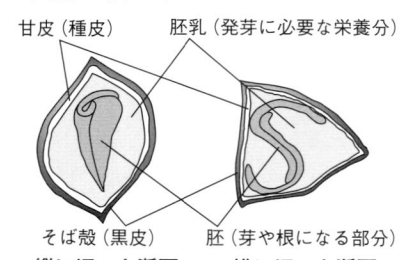
縦に切った断面　　横に切った断面
甘皮（種皮）　胚乳（発芽に必要な栄養分）
そば殻（黒皮）　胚（芽や根になる部分）

4. そ ば

どんのようにつながらないので，**つなぎ**として小麦粉（主に中力粉），やまいも，ふのり（新潟のへぎそば）などを加えて打つ。

3. 規格・基準

JAS規格では，干しそばは「乾めんのうち，そば粉を使用したもの」と定義されている。

干しそばのJAS規格

区　分		基　　　準	
		上　級	標　　準
食　味		調理後の食味が良好であり，かつ，異味異臭がないこと。	
め ん	外　観	1　色沢及び形態が良好であること。 2　切損がほとんどないものであること。	
	そば粉の配合割合	50％以上。	40％以上。
	原材料	次のもののみを使用することができる。 　1　そば粉 　2　小麦粉（使用する小麦粉の灰分は，600℃燃焼灰化法により測定して0.8％以下のものであることとする。） 　3　やまのいも及び海藻（つなぎに使用する場合に限る。） 　4　食塩	
添加物		使用していないこと。	
内容量		表示重量に適合していること。	

4. 材料・用具

1）原材料（6人分：1人当たり約140g）

そば粉360g（72％），中力粉140g（28％），水240g，芯粉（打ち粉）100g

＊6人分の量を示したが，そば粉を練る際・延ばす際の取り扱いのしやすさから，「5 製造工程」では，3人分の量を示した。

2）用　具

木鉢（ボール），包丁，まな板（切り板），めん棒（細いほど生地の表面がなめらかになる），のし台，こま板（そばを切る際の定規となる板），ざる（めんすくい），ラップフィルム，バット，ふるい，重量計

［農産加工品］穀　類

5．製造工程

そば粉・中力粉	・分量のそば粉と中力粉をボールにふるい入れる。
水回し（加水3回）	・中央がくぼんだ粉の山を作り，くぼみに水を注ぐ。
水（60g）	・指先を使って粉に水分が廻るように揉み込む（サラサラした状態）。
水（30g）	・水をムラなく含ませる（全体の粒がパン粉くらいの大きさになるまで）。
水（30g）	・粉を手にとって握り，耳たぶ程度の硬さであることを確認する。硬いときは水を手のひらにとり，粉に振りかける。
くくり・練り	・全体がゴロゴロとくっつき合ったら，ひとまとめにする（くくり）。 ・力を入れ表面につやが出るまで練る。 ・菊練りする（片方の親指で生地を押さえ，もう片方の手で表面の生地をひっぱるようにして，内側へ練りこんでいくと菊の花のような模様がつく）。
へそ出し（直径12cm，高さ3cm）	・中央にできたしわを細く絞り込んで円錐にする（へそから空気を抜く感じ）。 ・尖った部分を下にして，上から軽く手のひらで押さえて丸くする（直径12cm，高さ3cm程度）。
丸出し（直径30cm）	・台に打ち粉をし，そば玉をのせ，親指の付け根の部分で押し広げる。 ・全体に打ち粉をして，円の上側1/3くらいのところから猫の手のような形で手首を返すようにめん棒を動かしながら，上まで延ばす。向きを変え直径30cm程度になるまで丸く延ばす。
四つ出し	・生地をめん棒にくるくると巻き付け，手前に一気に引き戻す。これを2〜3回繰り返し縦長の菱形に広げる。横長に置き換えて，さらに前後に延ばして正方形にする。

【メ　モ】

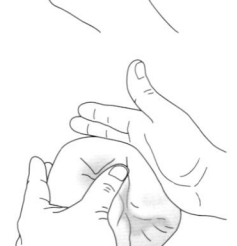

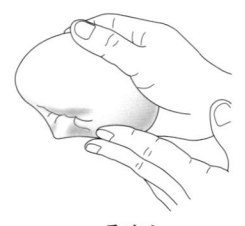

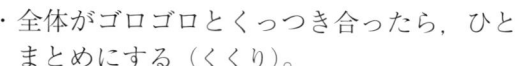
菊練り

へそ出し

4. そ ば

本のし (厚さ1mm)	・正方形の一辺からめん棒に巻き付けて，厚さ1mm程度になるまで生地を延ばす。
たたみ	・たっぷりの打ち粉を使い，8層になるようにたたむ。
切り	・まな板にたっぷりの打ち粉をし，たたんだ生地をのせ，多めの打ち粉を振る。 ・こま板に軽く指を添え，切りおろす。包丁の側面で，めんの太さ分，こま板をずらしながら切り，10cm程度切るごとにバットに置き，ラップをかける。
ゆで (1分30秒)	・たっぷりの熱湯でゆでる（3人前で1分30秒）。 ・冷水で洗ってぬめりを取る。
製　品	

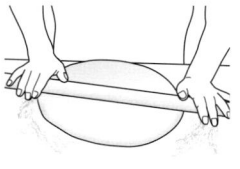
丸出し

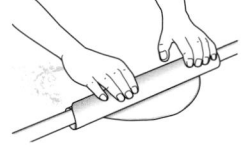
四つ出し

6. 要　点

「一鉢，二のし，三包丁」といわれるように，水回しが肝心である。粉に水を入れるという気持ちで，決して練らないこと，粉全体に，水がまんべんなく廻ることが大切である。ゆでたあとは，十分に冷水で洗うと，そばにきれが出る。

●コラム　　つゆの作り方

① **かえし**　材料：しょうゆ500g，みりん90g，砂糖（三温糖）90g

鍋にみりんを入れ，中火にかけ煮切る。砂糖を入れ，ゆっくりかき混ぜ，弱火で煮る。全体の色が変わったら，しょうゆを入れ，中火で煮る。沸騰させないよう注意し，アクが出たら取り除く。冷まして1～2週間寝かせる。

② **だ し**　材料：水2kg，かつお本枯節60g，利尻こんぶ20g，干ししいたけ4g（小2枚）

水にこんぶと干ししいたけを入れ，一晩置く。それを中火にかけ，沸騰寸前にこんぶと干ししいたけを除く。沸騰後，かつお節を入れ，再び沸騰したら中火で15分間煮る。アクを取りながら濾す。

③ **つ ゆ**

鍋にかえしを入れ，80℃くらいまで温め，80℃のだしと1：4の割合で混ぜ，一晩寝かせる。使用するときに湯煎で温めるとよい。

[農産加工品] いも類
5. こんにゃく

1. 歴史・加工の背景

　歴史上の書物にこんにゃくが登場したのは西暦300年頃の中国の詩『蜀都賦』である。日本では平安時代中期に編纂された『倭名類聚鈔』に記載があり，かなり古い時代に大陸より持ち込まれている。鎌倉時代に精進料理として普及したと考えられており，江戸時代の終わり頃には『蒟蒻百珍』（1846年）などの料理書が多数発刊され，日常的に食べられるようになってきた。こんにゃくは，いもの栽培に数年かかる上に，生いもの保存が難しいため利用が広がらなかったが，1776年頃，いもから**荒粉**，**精粉**を作る加工法が発明され栽培と利用が広まった。

2. 製造原理

　こんにゃくは，サトイモ科に属する多年生の草木で地下茎は球茎をなし，この塊茎を一般に**こんにゃくいも**とよんでいる。この塊茎の2～3年経ったものが，加工原料として用いられる。塊茎の成分として細胞内に**グルコマンナン**を12％程度含むが，シュウ酸カルシウムの針状結晶も多数含むため，生いもをそのまま食すことはできない。グルコマンナンは加水・加熱により吸水・膨潤後コロイド溶液となり，アルカリを加えて撹拌後，加熱することにより凝固する性質がある。製造法には，生いもから直接作る場合と，生いもから作る**こんにゃく粉**を原料に作る場合の2通りがある。こんにゃく粉すなわち**精粉**の製造法は，こんにゃくいも→水洗→細断→120～140℃で90分熱風乾燥（これを**荒粉**という）→粉砕機で粉砕→風選によりガラス質のグルコマンナン粒子といもの繊維組織（でん粉や皮）に分別する（ガラス質のグルコマンナン粒子は重いので残る）。

3. 規格・基準

　「生産情報公表加工食品の日本農林規格」には，こんにゃくについて「生産情報公表こんにゃくの生産の方法についての基準は，こんにゃくの生産情報を識別番号ごとに正確に記録するとともに，その記録を保管し，事実に即して公表していることとする」と記されている。

　容器・包装に入れて密封した商品に対して適正な表示を行うため，（財）日本こんにゃく協会等の団体が定めた「こんにゃく製品に関する表示基準（改訂版）」

では、こんにゃくを「主な原材料がこんにゃくいも（冷凍したものを含む）又は精粉等であって、精粉等又はこんにゃく芋若しくは蒸煮したこんにゃく芋を摺りおろしたもの又は搗き砕いたものに水又は温湯及び水酸化カルシウム等こんにゃくの主成分であるこんにゃくマンナンを凝固させるものを加え、加熱して凝固させたもの、又はこれらに、青のり、ごま、ゆず、シソなどの副原料を加えたもの。」と定義している。

同表示基準の「原材料名に関する自主基準」では、原材料名の表示について、例えば、「原材料が精粉等（荒粉を含む。）である場合は、こんにゃく粉・こんにゃく精粉・蒟蒻粉・蒟蒻精粉と記載する」としている。また、食品衛生法で定義されている「凝固剤」という一括名を使用できないため、こんにゃく用凝固剤とその表示については、「消石灰、水酸化カルシウム、水酸化Ca」などのように記載し、当該物質名の後にカッコ書きで「（こんにゃく用凝固剤）」と記載することが望ましい」としている。

4. 材料・用具

1）原材料（6人分：1人当たり約280g、計約1.7kg）

こんにゃく：こんにゃく粉（精粉）50g、水2kg

凝固剤：水酸化カルシウム（消石灰）1.5g/100g

副材料：以下の材料を好みに応じて準備し混合してもよい。

　　　　青じそ10枚：水洗し2cm位の長さに細かく千切りにし、水に放してアクを除いた後、水を絞っておく

　　　　乾燥きくらげ5g＋ゆで筍40～50g：きくらげは水で戻し、ゆでとともに2cm位の千切りにする

　　　　青のり 小さじ3、パプリカ 小さじ1～1.5、にんじん50g＋しいたけ：（中位のもの）5～6個（各々3cm位の長さに千切りにし湯通しする）、いりごま 小さじ2、ゆかり 小さじ3

2）用 具

鍋（ステンレスまたはホーロー製、直径36cm、12L以上）、大泡立て器、包丁、ゴムべら、箱型（ステンレス製深型組バット2号、195×140×H72、約2L）、重量計、計量カップ、温度計

[農産加工品] いも類

5. 製造工程

のり作り

- 水（2 kg）
- 加熱（約40℃まで）
- こんにゃく粉
- 混合
- 糊化（のりかき）（中火，10〜15分）
- （副材料）
- （混合）

アク入れ

- ぬるま湯（100 g）／凝固剤（1.5 g）
- 混合撹拌（30〜40秒）
- 型詰
- 放置（約30分〜1時間）

【メモ】

・鍋に水を2kg入れる。

・約40℃になるまで中火で加熱する。

・こんにゃく粉を少しずつ加え30分程度置き，グルコマンナンを膨潤させる。

・こんにゃくの香りがして粘度が高まり，透明なのり状になるまで練る（中火で10〜15分）。

（副材料を使用するときは下処理し，この段階で混合する）

・凝固剤（水酸化カルシウム*1.5g）を100gのぬるま湯に懸濁させながら添加する。

＊強アルカリ性薬品なので，皮膚や粘膜への付着や吸引をしないよう取り扱いに注意する。

・直ちに激しく撹拌する（30〜40秒）。

・凝固剤が均一に混ざったら，すぐにあらかじめ水でぬらしておいた型箱にゴムべらで手早く掻き出し入れる。
・表面を水で濡らした手で内部の空気を抜いて平らにする。

・約30分〜1時間放置し，指で押しても穴が開かなくなったらたら，型に隙間をつくり水を入れてから取り出す。
・まな板にのせ，包丁で加熱しやすい大きさに切る。

5. こんにゃく

```
┌─────────────────────┐
│       湯 煮          │   ・切ったこんにゃくを鍋に入れ，湯煮する。
│ (80～85℃, 20～30分)  │   ・温度計をこんにゃくに刺して内部温度を計
└─────────┬───────────┘     り，約80℃に達した時点から凝固と殺菌
          ▼                 のため約20～30分の湯煮を行う。
┌─────────────────────┐
│      アク抜き        │   ・水に放ち冷却すると同時に余分な凝固剤を
└─────────┬───────────┘     除去する。
          ▼
┌─────────────────────┐
│      製  品          │   ・保存期間は冷蔵で1週間程度である。
└─────────────────────┘
```

【メ　モ】

6. 要　点

▶のり作り
　のり作りの水は中性の**軟水**がよい。水温は**グルコマンナン**の溶解と密接な関係があり，水温が高くなるにしたがって溶解が速くなる。低い温度で溶かすと最高の粘度が出るまでに時間がかかる。のりかきの工程は，十分に膨潤溶解したものをよく撹拌してグルコマンナンの粘力を十分に利用する。

▶アク入れ
　アク入れ工程の凝固剤の量は精粉重量の1/20～1/30が標準である。少ないと固まらず，多すぎると製品に弾力がなくなる。また，加えた後，過度に撹拌するとグルコマンナンの分子の結合をたち切ってバラバラになり，固まらなくなるので注意する。また，のりがまんべんなく凝固剤と接触しないと凝固しない部分ができる。こんにゃくのりの温度と凝固剤添加後の撹拌時間は，化学反応なのでのりの温度により決まる。

▶こんにゃくの熱処理
　こんにゃくの熱処理は，製品の歩留まりや表面のつやと弾性のために重要で，最適な煮沸方法は沸騰手前のお湯で加熱し，中心部が80～85℃になってから20～30分行う。

▶こんにゃくの色
　こんにゃくいもで直接作ったものを**こんにゃく玉**という。皮を混入すれば色の黒いものができる。こんにゃく粉により製造すると白いこんにゃくができるが，色の黒いこんにゃくを作る場合は，わかめ，あらめなどの粉末の黒粉を混入する。

[農産加工品] 果実・野菜類
6. いちごジャム

1. 歴史・加工の背景

　ジャムは，果実に砂糖を加えて加熱濃縮したものである。歴史は非常に古く，旧石器時代後期（1万～1万5千年前）に人類がミツバチの巣から蜜を取っている情景を描いた絵がスペインの洞窟で発見され，その後，果実を土器で煮た跡が見つかっている。果実をはちみつで煮たものと想像される。ジャムの語源は「押しつぶす」「かんで食べる」ということから転じたことばである。

　果実の原形が比較的保たれているものをプレザーブスタイルジャム（**プレザーブジャム**）という。1種類の果実を原料としたときにジャムといい，果実を2種類以上原料としたものは**ミックスジャム**という。かんきつ類の果皮を含んだものを**マーマレード**という。

　一般的に使用される果実には，いちご，あんず，りんご，オレンジ，ぶどう，いちじく，ブルーベリー，ラズベリー，ブラックベリー，ももなどがある。珍しい果実や野菜（ルバーブ，にんじん，かぼちゃ，トマト）のジャムや，バラ，スミレ，ラベンダーなどの花弁を使ったジャムもある。最近では糖分を抑えたジャムが作られるようになり，糖度が40～55％のものが多いが，最適糖度65％に達しないため，この糖度ではゼリー化が起こらない。このような場合は，Ca^{2+}，Mg^{2+}などの存在下で凝固する低メトキシルペクチンを添加してゼリー化させる。

2. 製造原理

　ジャム類は果実に含まれるペクチンと糖と酸の相互作用によりゼリー化したものである。ペクチン，糖，酸を**ジャムの3要素**といい，製品100gに対して，ペクチン0.7～1.6g，有機酸はクエン酸として0.2～0.3g（pH 2.8～3.3），糖は60～68gの範囲内でゼリー化する。それらの成分の配合割合が製品の良否を左右する。

　ペクチンは，植物の細胞壁に多く含まれ，細胞を保持し，果実の組織を支える重要な役目をする高分子化合物である。未熟では水に溶けない**プロトペクチン**（ペクチンとセルロースが結合したもの）として存在し，ゼリー化しない。熟成するに従って，水に溶けやすいペクチン（ペクチニン酸）になり，さらに組織の軟化とともにペクチン酸から糖と二酸化炭素にまで分解する。メトキシル基7％以上のものを**高メトキシルペクチン**，7％未満のものを**低メトキシルペクチン**として

おり，高糖度ジャムには高メトキシルペクチンが用いられる。

　果実にはクエン酸や酒石酸などの**有機酸**が含まれており，ゼリー化するにはpHが関係し，最適値はpH 2.8～3.3である。

　果実に含まれる糖は約10～13%である。ゼリー化させるための補糖により貯蔵性も高められる。

3. 規格・基準

JASによるジャム類の定義（抜粋）

用　語	定　　義
ジャム類	1　果実，野菜又は花弁（以下「果実等」と総称する。）を砂糖類，糖アルコール又は蜂蜜とともにゼリー化するようになるまで加熱したもの 2　1に酒類，かんきつ類の果汁，ゲル化剤，酸味料，香料等を加えたもの
ジャム	ジャム類のうち，マーマレード及びゼリー以外のものをいう。
マーマレード	ジャム類のうち，かんきつ類の果実を原料としたもので，かんきつ類の果皮が認められるものをいう。
ゼリー	ジャム類のうち，果実等の搾汁を原料としたものをいう。
プレザーブスタイル	ジャムのうち，ベリー類（いちごを除く。）の果実を原料とするものにあっては全形の果実，いちごの果実を原料とするものにあっては全形又は2つ割りの果実，ベリー類以外の果実等を原料とするものにあっては5mm以上の厚さの果肉等の片を原料とし，その原形を保持するようにしたものをいう。

4. 材料・用具

1）原材料（6人分：1人当たり200 g）

　主材料：いちご1.5 kg，砂糖1 kg（へたを除いたいちご重量の60～70%）

　副材料：高メトキシルペクチン4.5 g（いちご重量の0.3%：レモン製），クエン酸0.75 g（いちご重量の0.05%）

2）用　具

　鍋（ステンレスまたはホーロー製），ボール，ざる，木じゃくし，容器瓶・ふた，重量計，屈折糖度計

[農産加工品] 果実・野菜類

5. 製造工程（プレザーブスタイル）

工程	説明
いちご	
選別・へた除去	・鮮紅色の新鮮ないちごを選別し，へたを取り除く。
水洗	・流水中で十分に水洗いする。
水切り・計量	・水気を切り，計量していちごを鍋に入れる。
砂糖（1/3）・ペクチン	・1/3の砂糖にペクチンの粉末を混ぜ，いちごをつぶさないように気をつけながら絡める。
加熱・濃縮	・初めは弱火で，砂糖が溶けだしたら強火で加熱する。 ・焦げ付かないように鍋を時々揺すったり，木じゃくしで静かに底を返しながら煮て濃縮する。
砂糖（2/3を2回に分けて）	・いちごが浮いてくるようになったら残りの砂糖を2回に分けて加える。
クエン酸	・クエン酸をあらかじめ溶液にしておき，添加する。
仕上げ	・煮熟中に生じる泡は仕上げで取り除く。 ・屈折糖度計で糖度を測定し60～65％になったら火を止める。
容器詰め	・洗浄・殺菌（沸騰水中で10～15分間）した瓶に熱いうちに詰め，密封する。
倒立保持殺菌	・瓶を倒立させ，ジャムの熱でふたの内側を殺菌する。
冷却	・瓶を倒立させたまま20分程度放冷し，その後，流水でゆっくりと冷却する。
製品	・製品歩留まりは100～120％が目安。

【メモ】

6. 要　　点

▶ **いちごジャムの色沢**

　いちごの色素は**アントシアニン**であり，熱や光に不安定である。そのため，短時間に仕上げると赤色のきれいなジャムとなる。また，煮熟中に生じた泡を取り除いてから，クエン酸を仕上げに添加するとよい。

▶ **仕上点の判断基準**

1）コップテスト

　コップテストはコップに冷水を入れ，ジャムを滴下してその状態をみる。滴下液が水面近くで散ってしまうのは濃縮が不十分で，コップの底まで落ちて散る状態が最適糖度となる。

すぐに溶けて，水面近くで散る　**不十分**

底まで散らずにやわらかい塊で落ちる　**最適**

2）スプーンテスト

　スプーンテストはジャムをやや冷ましてから空中から滴下させ，その状態をみる。液状で滴る場合は不十分で，シート状（薄膜状）に垂れれば最適糖度となる。

シロップ状に滴下　**不十分**

シート状に垂れ下がる　**最適**

3）温度計法

　濃縮中のジャムの温度が104～105℃となれば最適糖度となる。

4）糖　度

　屈折糖度計で計測し，糖度65％であること。

測定法 糖度の測定

　屈折糖度計で測定される糖度は **Brix（％）** で示され，20℃における試料100 g中のショ糖のグラム数を表わしたものである。食品一般では可溶性固形分の濃度（％）の測定にも簡易的に用いられる。

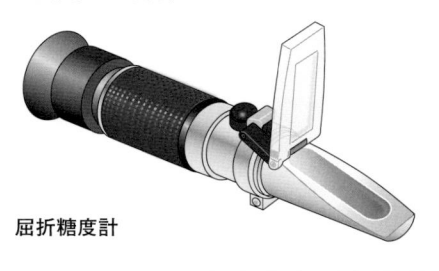

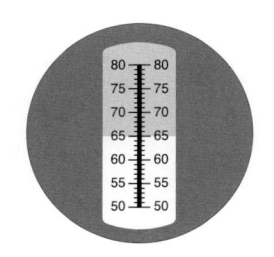

屈折糖度計

[農産加工品] 果実・野菜類
7. りんごジャム

❶❷❸については,「6. いちごジャム」参照。

4. 材料・用具

1) **原材料**(6人分:1人当たり200g)

   主材料:りんご1.2kg(紅玉,ジョナゴールドなどの酸味の強い品種がよい),砂糖700~800g(最終的に糖度を55~65%に調整する),水600g

   副材料:クエン酸2~4g(パルプ重量の0.2~0.3%,新鮮な酸味の多いりんごを用いる場合は不要),食塩水(2%,褐変防止のため)

2) **用具**

   鍋(ステンレスまたはホーロー製),ボール,包丁,木じゃくし,裏漉し器,ふきん,容器瓶・ふた,重量計,屈折糖度計

5. 製造工程

りんご	
水洗	・水洗いする。
除芯・スライス(厚さ約5mm)	・果肉を4~8分割し,除芯する。 ・皮付きのまま厚さ5mm程度にスライスする(果皮に含まれるペクチンも利用する)。 ・褐変防止のため,2%食塩水に浸漬する。
2%食塩水	
水(600g)	・水600g(りんご重量の約半分)を鍋に入れる。
煮熟・濃縮	・りんごを入れ,煮くずれるまで煮る。 *ここでアルコールテストを行う。
裏漉し	・裏漉し器を通し,果皮を取り除いたパルプにする。パルプ重量を測定しておく。 *パルプ:裏漉して果皮・種子を除いた後の不溶性固形物を含む果肉破砕物。
クエン酸(パルプ重量の0.3%)	・パルプ重量の0.3%のクエン酸を添加する。

【メモ】

7. りんごジャム

```
加糖・濃縮
  ↓
砂糖（3回）
（パルプ重量の80％）
  ↓
容器詰め
  ↓
殺　菌
（90℃以上，20分）
  ↓
冷　却
  ↓
製　品
```

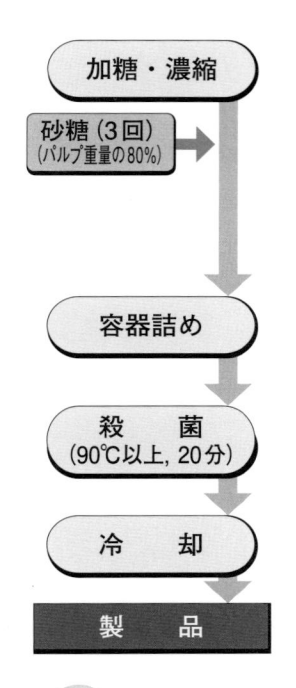

- パルプを鍋に戻し，加熱・濃縮しながら，パルプ重量の80％程度の砂糖を3回に分けて加える。
- 濃縮は，焦げ付かないよう撹拌しながら強火で，できるだけ短時間行う。
- 屈折糖度計（➡p.33）で糖度を測定し，55～65％になれば濃縮終了なので，火を止める。
- あらかじめ水洗，沸騰水中で10～15分殺菌した瓶に詰め，密封する。
- ジャムが熱いうちに瓶を倒立させ，ジャムの熱でふたの内側を殺菌する（90℃以上，20分間）。
- 放冷したあと，流水（水道水）中でも冷却する。急激に冷却すると瓶が割れるので，徐々に冷やす。

6. 要　点

▶ジャムに適する品種

りんごジャム製造に適するのは，酸味の強い品種である。その場合でも，長期貯蔵後は酸含量が減少しており，ゼリー化にはクエン酸などの有機酸を添加する必要がある。

▶りんごジャムの色沢

本実習のように，皮付きのまま製造すると，ペクチンのみならず果皮に含まれる**アントシアニン**も溶出し，製品はオレンジ系の色合いになる。これに有機酸を添加すると，より鮮やかな赤色系の色合いに変化し，食味も変わる。市販のプレザーブスタイルのものに淡黄色～黄色のものがあるが，りんごが剥皮されて使われているか，果皮色が黄色系の品種が使われていると考えられる。

測定法 ペクチン量の測定[1]

ジャム類の製造において煮汁中に含まれるペクチン量をおおまかに調べる簡易法として**アルコールテスト**がある。試験管に2mLの煮汁と同量のエタノール（95％以上）を静かに加えて混合する。アルコールの脱水作用によりペクチンは凝固するため，凝固物の量でペクチンの多少を判別できる。ペクチン濃度が低い場合は，ある程度濃縮してから加糖する。

[農産加工品] 果実・野菜類

8. マーマレード

❶❷❸については，「6. いちごジャム」参照。

4. 材料・用具

1）**原材料**（6人分：1人当たり200ｇ）
　主材料：夏みかん3個，砂糖（処理済み原料Ⓐ・Ⓑ・Ⓒの重量の70％）
　処理液：0.3％塩酸溶液1kg，0.3％クエン酸溶液1kg

2）**用具**
　鍋（ステンレスまたはホーロー製），ボール，ざる，木じゃくし，さらし布，容器瓶・ふた，重量計，屈折糖度計

5. 製造工程

(1) 下処理

【メ　モ】

フロー図：
夏みかん → 水洗 → 6つ割り・剥皮 → 果皮／果肉
果肉 → 搾汁 → 果汁Ⓐ／くず皮・かす
0.3％塩酸溶液（1kg），0.3％クエン酸溶液（1kg） → 圧搾

- 十分に水洗いする。
- 6つ割りして皮をむき，果肉と果皮に分ける。果皮は両端の尖った細長い形となる。
- 果皮の両端を包丁で切断し，くず皮とする（ペクチン抽出に用いる）。
- 果肉を搾汁し，果汁と搾りかすに分ける。
- 果汁は計量する（原料Ⓐとする）。
- くず皮と搾りかすをボールに入れる。
- 0.3％塩酸溶液1kgをボールに入れ浸漬する(ペクチン溶出)。
- 粗ペクチン抽出材料として15分浸漬後ざるに取り，水洗し，水切りをする。
- 0.3％クエン酸溶液1kgを鍋に入れ加熱する(ペクチン抽出)。
- じょうのう膜が溶けたら熱いうちにさらし布で圧搾する。

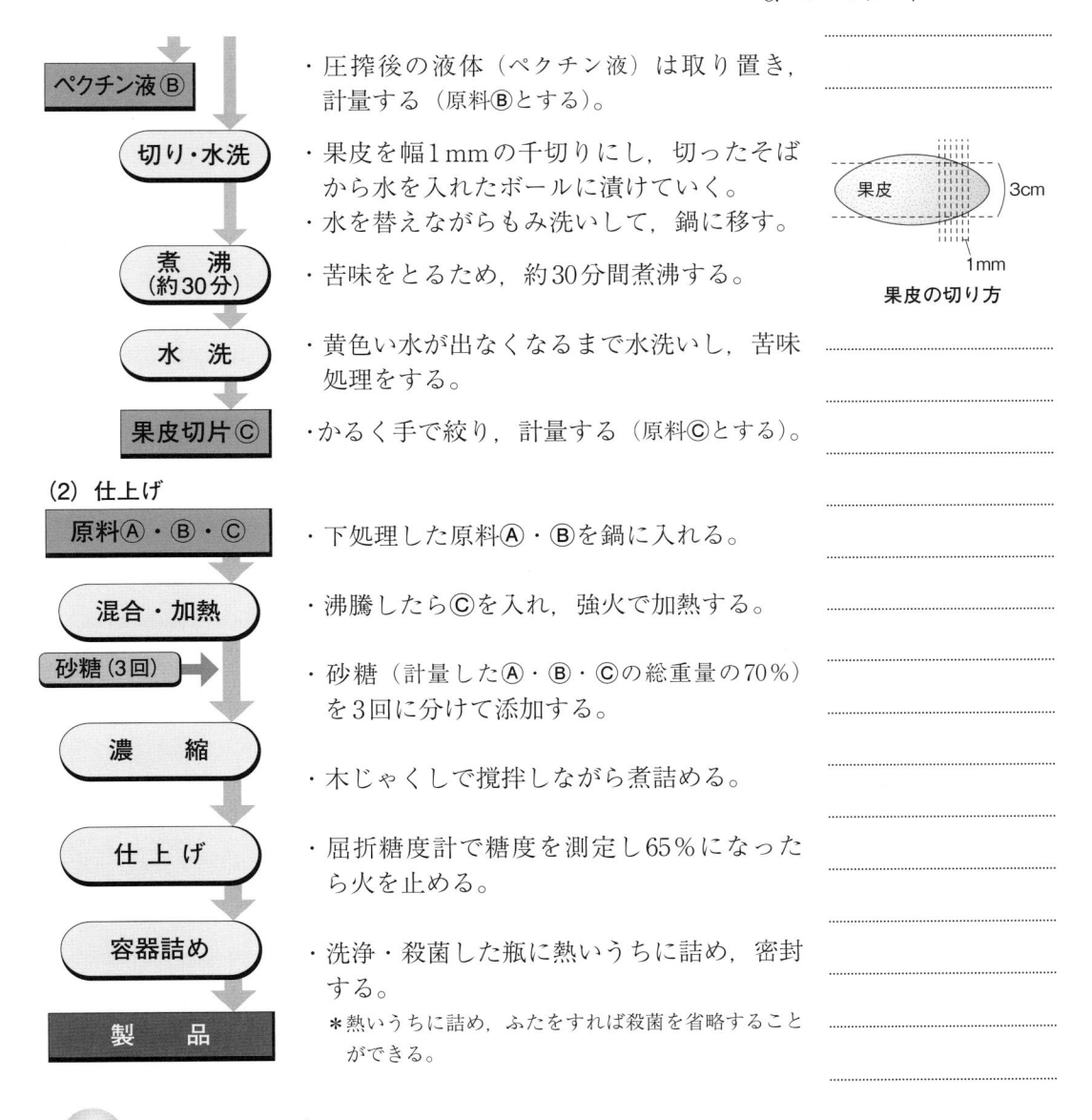

8. マーマレード

- ペクチン液Ⓑ
  ・圧搾後の液体（ペクチン液）は取り置き，計量する（原料Ⓑとする）。

- 切り・水洗
  ・果皮を幅1mmの千切りにし，切ったそばから水を入れたボールに漬けていく。
  ・水を替えながらもみ洗いして，鍋に移す。

- 煮沸（約30分）
  ・苦味をとるため，約30分間煮沸する。

- 水洗
  ・黄色い水が出なくなるまで水洗いし，苦味処理をする。

- 果皮切片Ⓒ
  ・かるく手で絞り，計量する（原料Ⓒとする）。

果皮の切り方（果皮 3cm、1mm）

(2) 仕上げ

- 原料Ⓐ・Ⓑ・Ⓒ
  ・下処理した原料Ⓐ・Ⓑを鍋に入れる。

- 混合・加熱
  ・沸騰したらⒸを入れ，強火で加熱する。

- 砂糖（3回）
  ・砂糖（計量したⒶ・Ⓑ・Ⓒの総重量の70％）を3回に分けて添加する。

- 濃縮
  ・木じゃくしで撹拌しながら煮詰める。

- 仕上げ
  ・屈折糖度計で糖度を測定し65％になったら火を止める。

- 容器詰め
  ・洗浄・殺菌した瓶に熱いうちに詰め，密封する。
  ＊熱いうちに詰め，ふたをすれば殺菌を省略することができる。

- 製品

6. 要点

▶苦み処理ならびに殺菌

　夏みかんの苦み成分はフラバノン配糖体の**ナリンギン**で，熱水に可溶のため果皮の処理では沸騰浴中30分で苦み処理が可能である。また，かんきつ系果実は**ペクチン**を多く含むため，くず皮や果汁の搾りかすよりペクチンの抽出を行い，無駄なく利用できる。でき上がったマーマレードの殺菌はほとんど不要で，熱いうちに瓶に詰め密封すれば殺菌を省略することができる。長期に保存する場合でも100℃で短時間（5分程）の加熱で保存することができる。

[農産加工品] 果実・野菜類
9. みかん瓶詰

1. 歴史・加工の背景

　果実瓶詰は，果実缶詰と同様の技術を用いた食品である。

　果実缶詰は，1877（明治10）年頃世界で初めて日本で生産された。これは，みかんを剥皮せず丸ごとシラップづけにしたものであった。大正時代に入り，果皮を手作業で剥皮して缶詰が製造されるようになり，1927年に現在でも用いられている剥皮技術が開発された。1955年頃，日本に次いでスペインで同様の技術を用いたみかん缶詰の生産が開始された。かつては，みかん缶詰は日本の主要な輸出品目であったが，現在では，世界の生産量の大半が中国で製造されている。

2. 製造原理

　みかん瓶詰・缶詰は，外皮を剥皮し，さらに"じょうのう"を覆う"じょうのう膜"を除去後，シラップづけにし容器（瓶・缶）に充てん，密封，殺菌したものである。じょうのう膜の剥皮は，希酸液によりじょうのう膜のペクチンをペクチン酸に変化させたのち，希アルカリ液にてペクチン酸ナトリウムを形成させ流出除去する。その後，流水にて十分にアルカリを取り除き，瓶に充てんする。充てん量は，固形分量を約60％とし，製品糖度を14〜18％となるように糖度調整を行った**糖液**（シラップ）を加える。

　殺菌は，低pH食品であることから，常圧殺菌で十分な保存性を得ることができるため，85〜90℃，10〜15分間で十分である。過度の加熱殺菌は，イモ臭とよばれる異臭が発生する。この**イモ臭**は，温州みかん中に含まれるS-メチルメチオニンスルフォニウムが加熱により変性し，**ジメチルスルフィド**が生成されることによるもので，特に90℃以上の加熱で急激に増加することが知られている。

3. 規格・基準

農産物缶詰および農産物瓶詰は，JAS法において用語の定義ならびに規格が定められており，みかんについては，下表のとおりである。

みかん缶詰またはみかん瓶詰のJAS規格（抜粋）

用 語	定 義
みかん缶詰又はみかん瓶詰	1　農産物缶詰又は農産物瓶詰のうち，みかん（Citrus reticulata Blancoに属するかんきつ類の完熟した果実をいう。以下同じ。）の果粒状又はさのう状の果肉を詰めたもの 2　農産物缶詰又は農産物瓶詰のうち，みかんの果皮を除去した全形のものを詰めたもの

区 分	基 準
香　味	香味が良好であり，かつ，異味異臭がないこと。
色　沢	色沢が良好であること。
肉　質	硬軟がおおむね適当であること。
形　態	形がおおむね整っており，かつ，全果粒（大きさをそろえていない全果粒を除く。）にあっては，身割れ又は小片の重量が固形量の7%以下，身割れにあっては小片の重量が固形量の15%以下であること。
大きさのそろい（全形及び大きさをそろえた全果粒に限る。）	大きさがおおむねそろっており，かつ，特に不ぞろいな全果粒（全粒数の5%までは除くことができる。）以外の全果粒にあっては，最大のものの重量が最小のものの重量の2倍未満であること。
その他の事項	1　液（充てん液に果実の搾汁（濃縮したものを搾汁の状態に戻したものを含む。以下同じ。）を使用していないものに限る。）が混濁していないこと。 2・3　（省略）
可溶性固形分	充てん液に砂糖類を加えたものにあっては，10%以上であること。

4. 材料・用具

1）原材料（6人分：200g入り瓶6本）

主材料：温州みかん1.5kg，砂糖100～150g

処理液：1%塩酸溶液3kg，1%水酸化ナトリウム溶液3kg

2）用 具

鍋，蒸し器，ボール，バット，金網，ざる，竹べら，容器瓶・ふた，重量計，温度計，屈折糖度計

[農産加工品] 果実・野菜類

5. 製造工程

みかん	・原料のみかんを金網に入れる。
湯通し(30秒),剥皮	・沸騰水中に30秒間浸漬したのち,直ちに果梗部から,外皮を剥く。
ほろ割り・風乾(10分)	・ほろ割り後,10分ほど風乾する。
1%塩酸(3kg) / 酸処理(35℃, 30分)	・1%塩酸溶液3kgを約35℃に加温し,これにじょうのうを静かに投入する。 ・緩やかに撹拌し,表面がわずかにぬるぬるした時点(約30分後)を終点とする。
水さらし	・十分に水さらしする。
1%水酸化ナトリウム(3kg) / アルカリ処理(40℃, 30分)	・1%水酸化ナトリウム溶液3kgを約40℃に加温し,じょうのうを静かに投入する。 ・緩やかに撹拌し,果肉が露出した時点(約30分後)を終点とする。
水さらし	・十分に水さらしし,残っている繊維などを取り除く。
容器詰め	・水さらしした果肉を150gずつ瓶に詰める。
シラップ注入(50g)	・計算式で糖濃度*を求め調製したシラップを,沸騰後熱いうちに,50g注入する。
脱気(5分),密封	・沸騰させておいた蒸し器の中にふたを斜めにのせた瓶を入れ,5分間脱気する。 ・ふたを閉め密封する。
殺菌(90℃, 10分)	・90℃の湯煎中で10分間殺菌する。
冷却	・急冷をさけ,流水中で徐々に冷却する。
製品	

【メモ】

水洗と水さらし

*シラップの糖濃度の計算式　　$W_1 \times X + W_2 \times Y = W_3 \times Z$
W_1:みかんの重量(150g), X:みかん糖度(13%*)
W_2:シラップ重量(50g), Y:シラップ糖度(x%)……25%
W_3:内容物重量(200g), Z:製品糖度(16%)　　*みかん糖度は仮の値

6. 要　　点

▶ **シラップの白濁**

みかん瓶詰・缶詰で問題になることにシラップの白濁がある。これは，果皮やじょうのう膜に含まれるヘスペリジンによるものであり，保存によって微細な白色無味の針状結晶を形成し白濁する。**ヘスペリジン**は，**ビタミンP**ともよばれ害のあるものではないが，商品価値が下がることから，これを防止するためヘスペリジナーゼを用いたヘスペリジンの分解や，メチルセルロースを加え粘性を増加させ析出防止が行われている。

▶ **肉詰め量・みかん粒の大きさ**

みかん瓶詰・缶詰の肉詰め量は，製品として内容物の約60％が望ましいため，300g容器においては約180gである。果肉の製品中での固形歩留まりは約80～85％であることから，製造時に投入する果肉量は150g程度となる。また，果粒の大きさにより，大粒（L），中粒（M），小粒（S）に分別され肉詰めされるが，じょうのうの一部が欠落したものは，**ブロークン**とよばれ，肉詰めには用いない。製造した瓶詰・缶詰の内容物検査にて，ブロークンの混入量を検査し評価する。

▶ **シラップづけの表示基準**

水に砂糖類を加えて作られたシラップづけは以下のとおり表示される。なお可溶性固形分の測定方法は，JAS規格により「内容物の全部をミキサーにかけたものの20℃における屈折糖度計の示度を読み取り，その値をパーセントで表す」とされている。

可溶性固形分		
10％以上14％未満	「シラップづけ（エキストラライト）」	：みつ豆など
14％以上18％未満	「シラップづけ（ライト）」	：みかん，びわなど
18％以上22％未満	「シラップづけ（ヘビー）」	：もも，パイナップルなど
22％以上	「シラップづけ（エキストラヘビー）」	：栗甘露煮など

● **コラム**　　　　　　　**缶詰の殺菌**

ジュースやジャムなどのpH4.6未満の低pH食品では，pHと熱の相乗効果により100℃以下の湯殺菌で十分な殺菌効果が得られる。また，殺菌の条件には内容物の流動性や熱伝導性が大きく関わり，缶詰を動揺させることによって内容物への熱電動率が著しく上昇し，加熱時間を大幅に短縮できる。

食肉缶詰などで問題となる腐敗菌のうち最も注意が必要な**ボツリヌス菌**（*Clostridium botulinum*）は，熱に強い芽胞を形成するため，pH4.6以上の食品では121℃，4分以上の加熱が必要となる。このため，野菜や食肉，魚介など低酸性食品では，加圧加熱殺菌であるレトルト殺菌が用いられる。

[農産加工品] 果実・野菜類

10. びわ瓶詰

❶❷❸については,「9. みかん瓶詰」参照。

4. 材料・用具

1) 材料（6人分：300g入り瓶6本）

原材料：びわ1.8kg, 砂糖300～500g

処理液：食塩水（濃度1%, 褐変防止のため）2kg

2) 用具

鍋, 蒸し器, 穿孔器, 種子抜き器, 壁膜除去器, ボール, ざる, 包丁, 容器瓶・ふた, 重量計, 温度計, 屈折糖度計

5. 製造工程

びわ
↓
選別, 水洗
・適熟の傷のないびわを選び, 十分に水洗いする。
↓
果梗部・へた部および種核・芯除去
・果梗部を包丁で取り除く。
・へた部を穿孔器で取り除き, そこから, 種子および種子防壁膜を壁膜除去器でていねいに取り除く。
↓
1%食塩水（適量）
↓
塩水浸漬
・ポリフェノールオキシダーゼによって褐変が進むので, 種核・芯除去処理後, 素早く1%食塩水に浸漬する。
↓
ブランチング（沸騰水, 3分）
・沸騰水に3分湯通しし, ポリフェノールオキシダーゼを失活させる（ブランチング）。
↓
剥皮
・剥皮する。
↓
冷却, 水切り
・剥皮後, 直ちに流水中にて冷却し, ざるに上げ十分に水切りする。

【メ モ】

果梗部 種子防壁膜 種子
花落部
果梗部を包丁で切り落とす
穿孔器 壁膜除去器

びわの種核・芯除去

10. びわ瓶詰

```
容器詰め      ・へた部を上にして約200gずつ瓶に詰める。
   ↓
シラップ注入   ・製品糖度が16％となるよう計算式（➡p.40）
  (100g)       より糖度を求め，シラップを調製し，沸騰
               後熱いうちに100g注入する。
   ↓
 脱 気       ・シラップ注入後，あらかじめ沸騰させてお
  (5分)        いた蒸し器の中にふたを斜めにのせた瓶を
               入れ，5分間脱気をする。
   ↓
 密 封       ・ふたを閉め密封する。
   ↓
 殺 菌       ・90℃の湯煎中で10分間殺菌する。
(90℃，10分)
   ↓
 冷 却       ・急冷をさけ，流水中で徐々に冷却する。
   ↓
 製 品
```

●コラム　青果物の酵素的褐変

　青果物には，剥皮や切断，磨砕などを行うと急速に褐変するものがある。褐変には青果物中に含まれる**ポリフェノールオキシダーゼ（PPO）**が関与し，この褐変を**酵素的褐変**という。PPOとその基質であるフェノール類は，青果物中で異なった場所に局在し，通常の状態では混ざり合うことはないが，食品加工のような外的要因などで細胞が損傷を受けると，局在性が失われ，PPOがフェノール類と会合し，酵素の作用によって酸化して**キノン体**が生成する。生成したキノン体は，反応性が高く重合化することで褐変が生じるものと考えられている。

　PPO活性の高いりんごやじゃがいもなどでは，加工の際，PPOの働きを阻害することが必要不可欠である。剥皮，切断等を行ったものを1％程度の食塩水に浸漬したり，砂糖をまぶしPPOの作用を阻害する方法がとられる。また，アスコルビン酸を添加しその強い還元力を利用して酸化を防ぐ方法もある。

[農産加工品] 果実・野菜類
11. もも瓶詰

❶❷については,「9. みかん瓶詰」参照。

3. 規格・基準

JAS規格では,もも缶詰またはもも瓶詰の主な規格は以下のとおりである。

もも缶詰またはもも瓶詰のJAS規格（抜粋）

定義	1　農産物缶詰又は農産物瓶詰のうち,もも（*Prunus persica* L.に属する核果類（ネクタリン種を除く。）の完熟した果実をいう。以下同じ。）の2つ割り等の形状の果肉を詰めたもの 2　農産物缶詰又は農産物瓶詰のうち,ももの果皮を除去した全形のものを詰めたもの		
区　分			基　　準　（上級）
内容物の品位	4つ割り,薄切り及び立方形	香　味	固有の香味が良好であり,かつ,異味異臭がないこと。
			肉　質	肉質が緻密であり,かつ,熟度及び硬軟がおおむね適当であること。
			形　態	果肉の形が整っており,切断の状態が良好であり,厚肉であり,かつ,損傷がほとんどないこと。
			色　沢	固有の色沢が良好であり,かつ,褐変及び紫変がないこと。
			その他の事項	1　果肉の大きさ及び厚さがおおむねそろっていること。 2　液（充填液に果実の搾汁を使用していないものに限る。）が混濁していないこと。 3　病虫害痕及び肌荒れがほとんどないこと。 4　きょう雑物がほとんどないこと。
可溶性固形分			充填液に砂糖類を加えたものにあっては,10％以上であること。
原材料			次に掲げるもの以外のものを使用していないこと。 　　1　もも　　2　果実の搾汁　　3　砂糖類

4. 材料・用具

1）材　料（6人分：300g入り瓶6本）

　原材料：白肉種もも2.3kg,砂糖200～250g

　処理液：2％水酸化ナトリウム溶液3kg

2）用　具

　鍋,蒸し器,ボール,ざる,包丁,容器瓶・ふた,重量計,温度計,屈折糖度計

11. もも瓶詰

5. 製造工程

もも	
2％水酸化ナトリウム（3 kg）	
熱アルカリ処理（沸騰, 30〜50秒）	・沸騰している2％水酸化ナトリウム溶液（3 kg）にももを30〜50秒間浸漬し，表皮を溶かす。
水洗，剥皮	・水洗いし，溶けきらなかった表皮を水中にて除去する。
除核	・包丁で2つ割りし，種を除く。
ブランチング（沸騰水, 3〜5分）	・酵素失活のため，沸騰水に入れ3〜5分間ブランチングを行う。褐変等が抑制される。
水冷	・水に浸し冷やす。
整形	・包丁で果肉を整形する。
容器詰め	・最終的に果肉の固形量が180 g程度となるように，200 gずつ瓶に詰める。
シラップ注入（100 g）	・製品糖度が19％となるよう計算式（→p.40）より糖度を求め，シラップを調製し，沸騰後熱いうちに100 g注入する。
脱気（5分）	・シラップ注入後，あらかじめ沸騰させておいた蒸し器の中にふたを斜めにのせた瓶を入れ，5分間脱気をする。
密封	・ふたを閉め密封する。
殺菌（90℃, 10分）	・90℃の湯煎中で10分間殺菌する。
冷却	・急冷をさけ，流水中で徐々に冷却する。
製品	

【メモ】

[農産加工品] 果実・野菜類
12. トマトケチャップ

1. 歴史・加工の背景

　1876年にアメリカペンシルベニア州で，ヘンリー・J・ハインツがトマトケチャップの瓶詰を製造し商業生産を開始した。**ケチャップ**というとトマトケチャップをさすことが多いが，もともとは，きのこ（マッシュルーム），魚介類（魚醬），ナッツやフルーツなどを含むソース全般を意味していた[1]。

　わが国では1903（明治36）年に最初のトマトケチャップが製造され，1908年に初めて発売された。その後，チキンライスやオムライスなど洋食の普及とともに需要が伸びた。食生活の洋風化に伴いトマトの生果とともに消費が拡大し，また，容器も瓶詰から使い勝手のよいチューブ入りのものへと変遷し，今では家庭に欠かせない調味料となっている。

2. 製造原理

　トマトの加工品には，トマトジュース，トマトピューレー，トマトケチャップなどがある。**トマトジュース**はトマトを破砕後，搾汁したもので，普通0.3〜0.5％の食塩を加える。**トマトピューレー**は完熟トマトを加熱，破砕後，裏漉しして比重1.035〜1.045，可溶性固形物含量を8〜24％程度まで濃縮したもの。**トマトケチャップ**はピューレーに各種の調味料，香辛料を加えて味付けしたもので，比重1.12〜1.13，可溶性固形物含量25〜30％まで濃縮して作る。

　ピューレーの製造法には熱法と冷法がある[2]。**熱法**はトマトを蒸煮した後，裏漉しする方法で，加熱によって酸化酵素やペクチン分解酵素などが失活すると同時に，ペクチンも溶出するのでピューレーの粘度が増し，良質のものが得られる。**冷法**はトマトを直接破砕してから直ちに裏漉しする方法であり，芳香のあるパルプ（裏漉しした搾汁液）が得られるが，ビタミンCの破壊やペクチンの分解がおこり，良質のものが得にくいといわれている[2]。

　ピューレーを工場規模で製造する場合は，トマトを洗浄後，へたや緑色部を切り取って破砕機で破砕する。次に熱法では，20分程度蒸煮するか，予熱機で85℃に加熱し，パルパー（裏漉し機）にかけて，果皮や種子を除いた裏漉しトマトを得る。これを一定の濃度に加熱濃縮して製品とする。

3. 規格・基準

トマトケチャップのJAS規格（抜粋）

用　語	定　　　義
トマトケチャップ	1　濃縮トマトに食塩，香辛料，食酢，砂糖類及びたまねぎ又はにんにくを加えて調味したもので可溶性固形分が25％以上のもの 2　1に酸味料（かんきつ類の果汁含む。），調味料（アミノ酸等），糊料等（たまねぎ及びにんにく以外の農畜水産物並びに着色料を除く。）を加えたもので可溶性固形分が25％以上のもの

区　分	基　　準	
	特　級	標　準
性　状	1　香味及び色沢が優良であり，かつ，異味異臭がないこと。 2　粒子が細かく，その分布が均一であり，かつ，粘ちょう性が適度であること。 3　きょう雑物がほとんどないこと。	
可溶性固形分	30％以上。	25％以上。
トマト以外の野菜類の含有率	1％以上5％未満であること。	
原材料 食品添加物以外の原材料	次のもののみを使用することができる。 　1 濃縮トマト　　2 たまねぎ　　3 にんにく　　4 食塩 　5 香辛料　　　6 醸造酢　　　7 砂糖類	

＊使用する濃縮トマトのリコピン量は，有機溶媒で抽出した後吸光光度法によって測定したとき，無塩可溶性固形分4.5％に換算して7×10 mg/kg以上とする。

4. 材料・用具

1）材料（6人分：1人当たり700 g）

原材料：完熟トマト 4 kg（トマトピューレとして 1.5 kg）

野菜汁：砂糖 150 g，食酢 120 g，たまねぎ 75 g，食塩 30 g，にんにく 3 g

香辛料：クローブ 0.6 g，白コショウ 0.6 g，トウガラシ 0.3 g，ナツメグ 0.3 g，
　　　　ローレル（ローリエ）0.3 g，シナモン 0.09 g，

2）用具

　ミキサー，鍋（ステンレスまたはホーロー製），蒸し器，ボール，トレイ，バット，包丁，おろし金，濾し布，裏漉し器，容器瓶・ふた，重量計，屈折糖度計

[農産加工品] 果実・野菜類

5. 製造工程

```
[トマト]
   ↓
[水洗・へた除去]
   ↓
[蒸 煮（5〜10分）]
   ↓
[破 砕]
   ↓
[裏濾し]
   ↓
[加熱・濃縮]
   ↓
[トマトピューレー]
   ↓
   [たまねぎ・にんにく]
      ↓
   [水（5倍量）]→
      ↓
   [野菜汁]
   ↓
[濃 縮 1]
   ↓
[砂糖（75g）]→
   ↓
[濃 縮 2（約10分）]
   ↓
```

- 完熟トマト（加工用品種が望ましい）を用意する。

- 水洗し，へたと緑色部を除去する。トマトの重量を測定する。

- 蒸し器で5〜10分間蒸す。
- 蒸すことで果皮と果肉が分離しやすくなり，品質低下に関係する酸化酵素やペクチン分解酵素などの失活が促進される。

- ミキサーで数秒間破砕する。種子を破砕しない程度に行う。

- 裏濾し器を通し，果皮・種子を除いたトマトパルプを作る。

- パルプを鍋に入れ，強火で加熱・濃縮する。

- 屈折糖度計で可溶性固形分の濃度を測定する。Brix 9（→p.33）になれば濃縮終了である。
- トマトピューレーの重量を測定する。

- たまねぎとにんにくをおろし金ですり下ろす。

- 5倍量の水を加えて弱火で20分間煮熟し，濾し布でろ過して野菜汁を作る。

- トマトピューレーに野菜汁を加え，Brix 14〜15（比重1.06）になるまで濃縮する。

- 砂糖を半量，加える。

- 約10分間濃縮する。

【メ　モ】

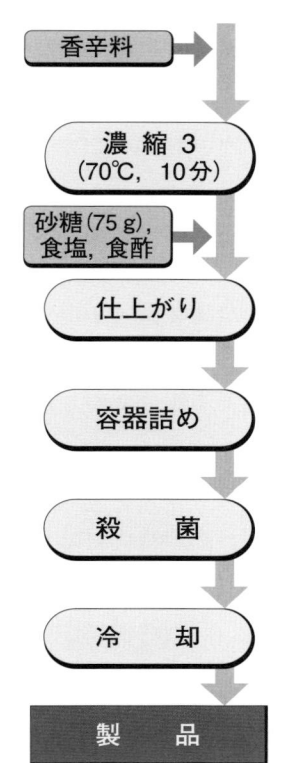

12. トマトケチャップ

香辛料 →	・少量の食酢で練り合わせた香辛料を加える。
濃縮3 (70℃, 10分)	・撹拌しながら70℃で10分濃縮する。
砂糖(75 g), 食塩, 食酢 →	・残りの砂糖, 食塩, 食酢を加える。
仕上がり	・濃縮を続け, Brix 25〜30（比重1.12〜1.13）を仕上がりとする。
容器詰め	・あらかじめ水洗, 沸騰水中で10〜15分殺菌した瓶に詰め, 密封する。
殺 菌	・ケチャップが熱いうちに瓶を倒立させ10分間放置し, ふたの内側を殺菌する。
冷 却	・40〜50℃の温湯を入れたバットに殺菌終了後の瓶をつけ, 水道水を徐々に流しながら冷却する（瓶の割れ防止）。
製 品	

6. 要　点

▶原料となるトマト

通常, 加工用赤色系品種が用いられる。①深紅色で肉質がしまり, 均一に成熟し新鮮なこと, ②皮部が滑らかでしわがなく, 果梗部のくぼみが浅いこと, ③種子腔が小さく種子も少なく, 甘味酸味が強く, 果汁が濃厚なこと, などが重要である[3]。

▶トマト加工品の色沢

トマト本来の深紅色を失わないことが重要である。トマトの赤色色素はカロテノイドの一種で比較的熱安定性の高い**リコペン**が主体だが, 鉄や銅との接触により分解が促進されやすい。鉄や銅で作られた器具の使用は避けなければならない。香辛料を使うケチャップの場合には, 香辛料中の**ポリフェノール**が鉄と作用して黒変することがあり, 加熱は短時間にとどめる。**クロロフィル**も分解して褐変するので, ピューレーの色を保つために除去する必要がある[3]。

▶トマトケチャップのなめらかさ

市販品の製造には, **パルパーフィニッシャー**（搾汁, 裏漉し, 裏漉し仕上げをする機械）が用いられ, 処理能力の向上とともに製品のなめらかさ, きめ細かさが改善される。メッシュが限られる裏漉し器を使用して市販品のような製品を得ることは難しい。

[農産加工品] 果実・野菜類

13. ふくじん漬け

1. 歴史・加工の背景

　漬物は，海水を利用して野菜を漬けたのが最初と考えられており，その後，奈良時代には大陸から**醤**(ひしお)などの調味料が伝わり，それらを利用した調味漬けが作られるようになった。醤には，穀醤(こくびしお)，肉醤(ししびしお)，草醤(くさびしお)があり，それぞれ，現在のみそやしょうゆ，魚醤や塩辛，漬物の原型と考えられている。わが国で漬物に関する記録で最も古いものは，奈良時代の平城京の長屋王跡から出土した木簡で，うりやなす，みょうがを醤漬けにしたものが贈答用に使われたことが記されている。その後，平安時代には梅干し，鎌倉時代にはぬかみそ漬けが現れ，江戸時代にはたくあん漬けなど，現在流通している漬物の多くが作られるようになった。しょうゆ漬けの代表であるふくじん漬けは，歴史的には比較的新しく，明治時代に作られた。原材料野菜は，だいこん，なす，きゅうり，しろうり，れんこん，なたまめ，しょうが，しその実や葉などで，7種類の野菜が使われることから七福神にちなんで「ふくじん漬け」と名付けられたものである。

2. 製造原理

　漬物は，主に食塩や調味料に漬け込まれて製造される野菜加工品で，多くの種類がある。漬物を製造法の違いで大別すると，浅漬け，調味漬け，発酵漬物の3種類に分けることができる。**浅漬け**は，食塩濃度が2%前後と低く，新鮮な野菜の風味と歯ごたえを生かしたものではくさい浅漬けなどがある。**調味漬け**は，野菜を高濃度の食塩（15～20%）で漬け込んで製造した塩蔵野菜を保存しておき，必要なときに整形後，脱塩し，その後，調味液に漬けたものである。代表的なものは，しょうゆを主体とした調味液に漬けて製造するふくじん漬けや甘酢調味液に漬けたらっきょう漬け，酒かすに漬けたなら漬けなどがある。**発酵漬物**は，乳酸発酵を利用することによって風味が付与されものである。代表的なものとしては，すぐき漬け，しば漬け，海外ではキムチやザウエルクラウト，泡菜(パオツァイ)などが知られている。

　ふくじん漬けは，原料野菜をそれぞれ別々に**塩蔵**し，それらを適量配合したもので，細切，脱塩，脱水した後，しょうゆ，みりん，砂糖などで調製した調味液に漬け込んだものである。通常，小袋に密封した後，加熱殺菌された形で流通している。

3. 規格・基準

JASによる，ふくじん漬けの規格を示す。

ふくじん漬けのJAS規格（抜粋）

用　語	定　義
ふくじん漬け	農産物しょうゆ漬け類のうち，だいこん，なす，うり，きゅうり，しょうが，なたまめ，れんこん，しそ，たけのこ，しいたけ若しくはとうがらしを細刻したもの又はしその実若しくはごま（以下「ふくじんの原料」という。）のうち5種類以上の原材料を主原料とし漬けたものをいう。

区　分	基　準
香　味	漬け上がり固有の香味が良好であること。
歯切れ及び肉質	漬け上がり固有の歯切れ及び肉質が良好であること。
色　沢	漬け上がり固有の色沢が良好であること。
調　製	細刻，水洗，圧搾等が良好であること。
糖用屈折計示度	25度以上であること。
全窒素分	0.3％以上であること。
原材料の種類及びその配合割合	1　内容重量が100gを超える場合にあっては，ふくじんの原料のうち7種類以上の原材料を主原料とし漬けたものであり，かつ，固形物に占めるだいこんの割合が，重量で80％未満であること。 2　内容重量が100g以下の場合にあっては，ふくじんの原料のうち5種類以上の原材料を主原料とし漬けたものであり，かつ，だいこんの割合が85％未満であること。
固形物の割合	内容重量に対する固形物の割合が，75％（内容重量が300g以下のものにあっては，70％）以上であること。

4. 材料・用具

1) 原材料（6人分，1人当たり180〜200g）

主材料：塩蔵だいこん500g，塩蔵きゅうり50g，塩蔵なす50g，塩蔵れんこん30g，塩蔵しょうが30g，塩蔵なたまめ8g，塩蔵しその葉8g，白ごま3g，とうがらし1切れ

調味液：淡口しょうゆ250g，砂糖250g，みりん25g，食酢10g

2) 用　具

圧搾器，鍋，ボール，ざる，木じゃくし，玉じゃくし，ポリ袋，輪ゴム，重量計

[農産加工品] 果実・野菜類

5. 製造工程

```
┌─────────────────┐
│ 塩蔵だいこん・塩蔵きゅうり・ │
│ 塩蔵れんこん・塩蔵なす・    │
│ 塩蔵なたまめ・塩蔵しょうが・ │
│ 塩蔵しその葉             │
└─────────────────┘
        ↓
     ( 調 製 )
        ↓
  ( 脱 塩        )
  ( 30〜60分     )
        ↓
     ( 圧 搾 )
        ↓
     [調味液] →
        ↓
  ( 混合・加熱      )
  ( 85℃以上,約10分 )
        ↓
     ( 包 装 )
        ↓
     ( 熟 成 )
        ↓
     ■ 製 品 ■
```

- 塩蔵原料はそれぞれ洗浄し，以下のとおりに調製する。

- **塩蔵だいこん**：太いものは縦に6〜8つ割り，細いものは4つ割り後，薄切りにする。
- **塩蔵きゅうり・塩蔵なす**：太いものは縦に半分に切った後，半月状，細いものはそのまま薄切りにする。
- **塩蔵なたまめ**：未熟なものを用い，さやのまま薄切りにする。
- **塩蔵しょうが**：2cmの長さに千切りにする。
- **塩蔵れんこん・塩蔵しその葉**：そのままの形状で使用，れんこんは細いものを使う。大きい場合は半切り。

- 塩蔵原料を調製後，合わせてざるに入れ，さらにボールの中に入れて流水にて脱塩を行う。
- ときどき撹拌して脱塩を促し，塩味が薄くなるまで行う（30〜60分）。

- 圧搾用袋に入れ，圧搾器を用いて圧搾する。

- しょうゆ，砂糖を鍋に入れ，加熱，溶解させ，その後，みりん，食酢を加える。

- 圧搾した野菜を調味液に加え，85℃以上，約10分間加熱する。
- ざるで野菜と調味液をいったん分離する。野菜の部分に白ゴマを散らす。

- ポリ袋（小）に野菜と調味液をそれぞれ等分して入れ，さらにとうがらしを輪切りで12等分したものを1袋に2切れの割合で加える。その後，空気を押し出すようにして，輪ゴムで密封する。

- 3〜4日経過し，味が浸透してくれば完成。冷蔵庫に保管し，なるべく早めに食べる。

【メモ】

13. ふくじん漬け

6. 要　点

▶塩蔵原料の製造工程

　塩蔵原料は，高濃度の食塩で漬けられ長期保存を可能としたもので，二次加工用の原料となる。ふくじん漬けのように脱塩，圧搾後，調味液に漬けて製品化する場合に利用される。塩蔵の製造工程を以下に示す。

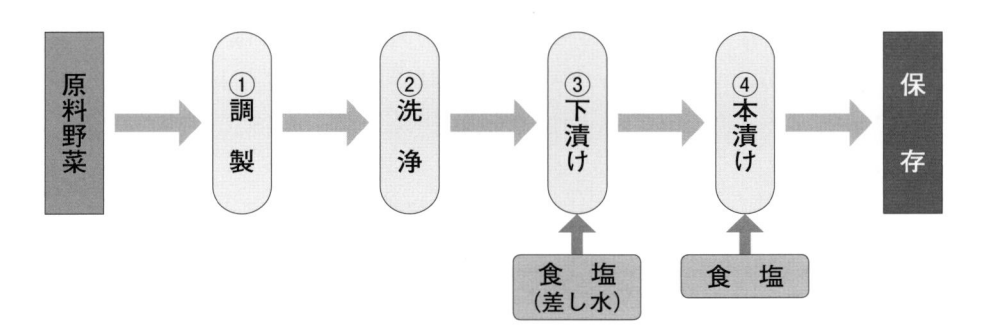

原料野菜 → ①調製 → ②洗浄 → ③下漬け → ④本漬け → 保存

③下漬け ← 食塩（差し水）
④本漬け ← 食塩

①調　製：原料野菜は，形状が均一で腐敗がなく，やや未熟ぎみのものを使う。
②洗　浄：流水で洗浄する。汚れが多い外葉や傷みのある部分は除去しておく。
③下漬け：荒漬けともいう。野菜重量に対して10％程度の食塩で漬けこむ。必要に応じて同濃度の食塩水を差し水として用いる場合が多い。差し水というのは，食塩だけでは，水が揚がらず全体が漬かりにくい状態となるのを防ぎ，短時間に全体を食塩水に漬ける目的で行う。また，高濃度の食塩を使用するのは，浸透圧を高めることにより，常温における微生物の増殖を防止するとともに，歯切れ，色調，風味などを良好な状態で保持するためである。塩分濃度が低いとペクチンが溶解し，歯切れが悪くなる。重石は通常，漬け込み重量と同重量から1.5倍程度のものを使用し，漬け汁が押しぶたの上に揚がったら半分の重量にする。漬け込み時間は野菜の種類にもよるが，通常，1～2週間漬け込み，塩の漬かりが均一になったところで野菜を取り出し，上下を漬け替え本漬けする。なすの場合は，みょうばん，赤かぶのようにアントシアニン系の色素を含むものやしょうがなど褐変しやすいものを漬ける場合は，クエン酸や食酢を使うと色調を保持することができる。
④本漬け：下漬けした野菜をいったん全部取り出し，漬け汁を捨て，漬け替える。下漬けしたときに上のものを下に，下のものを上になるように漬け替える。下漬けした野菜はしんなりしているので，隙間がないように漬け込むことが大切である。下漬けの際に，産膜酵母が発生している場合は，よく水洗した後，漬け込む。本漬けに用いる食塩量は，野菜の種類や保存期間にもよるが，下漬け野菜に対し10～15％の食塩を用いる。水分の蒸発や産膜酵母を防ぐためにポリエチレンシートで表面を覆い，その上に押しぶたをし，重石をのせて保存する。

[農産加工品] 果実・野菜類

14. らっきょう甘酢漬・きゅうりピクルス

1. 歴史・加工の背景

　農産物酢漬けは，酢により保存性を高める野菜加工品である。代表的な酢漬けとして**らっきょう酢漬け**と**きゅうりピクルス**がある。西洋ではきゅうりのピクルスが代表的な酢漬けであり，酸のみによる調味である。日本では酸味の強い味覚を嫌う人が多いため，砂糖やうま味を加えて酸味をマイルドにした甘酢に漬け込んだ酢漬け類が多い。

2. 製造原理

　野菜類を軽く塩漬け（塩分2～3%）する前処理を行い，野菜の水分を除去した後，仕上げ漬けとして調味した甘酢に漬け込むのが一般的な製造法である。少量の甘酢漬を家庭で作る際には，塩漬けしない生野菜を調味した甘酢に漬け込む簡便な方法もある。しかし，大量製造する場合，簡便法では良い製品はできない。

　らっきょう甘酢漬は，原料のらっきょうを下漬け（塩漬け）した後，甘酢調味液に仕上げ漬けした二次加工品である。製品の歯切れをよくするために，塩漬けする際に少量の**焼きみょうばん**を加える場合が多い。

　きゅうりピクルスは，きゅうりを下漬け（塩漬け）して，甘酢調味液に漬け込んだものである。塩漬けは**立塩法**（塩水漬）（➡p.6）で行う。甘酢調味液の中にとうがらし，ローレル，ハーブ等の香辛料を入れることで和風あるいは洋風の香味をもった製品に仕上げることができる。甘味を抑えたサワータイプのピクルスもある。

3. 規格・基準

　JAS規格において，農産物酢漬け類は，「農産物漬物のうち，食酢又は梅酢に漬けたもの」または「農産物漬物のうち，食酢又は梅酢に砂糖類，ワイン，香辛料等を加えたものに漬けたもの」と定義されている。したがって，らっきょう酢漬け，きゅうりピクルスともに農産物酢漬けの分類となる（ピクルスはらっきょう酢漬けおよびしょうが酢漬け以外の酢漬けに分類される）。らっきょう酢漬けの主な規格を示す。調味した酢漬けである「甘酢漬」と表示される製品は屈折糖度計示度が20度以上（➡p.33）である。

14. らっきょう甘酢漬・きゅうりピクルス

らっきょう酢漬けのJAS規格（抜粋）

区　　分	基　　準
香　　味	漬け上がり固有の香味が良好であること。
歯切れ及び肉質	漬け上がり固有の歯切れ及び肉質が良好であること。
色　　沢	漬け上がり固有の色沢が良好であること。
調　　製	表皮，根，葉しょう等の除去及び粒ぞろいが良好であること。
調味液の状態（調味液を封入したものに限る。）	香味が良好であり，かつ，混濁及びきょう雑物のない調味液を使用していること。
水素イオン濃度	pH 3.8以下であること。
糖用屈折計示度（らっきょう甘酢漬と表示する場合に限る。）	20度以上であること。
らっきょうの配合割合	固形物に占めるらっきょうの割合が，重量で90％を超えること。

4. 材料・用具

●らっきょう酢漬け

1）**原材料**（5〜6人分：1人当たり250〜300g）

　主材料：らっきょう（根付き）2kg，食塩260g（らっきょう重量の13％），焼きみょうばん2.3g

　下漬け液：10％食塩水（500g）

　甘酢調味液：食酢600g，水300g，砂糖300g，とうがらし5本

2）**用　具**

　シーラー（シール器），漬け込み容器，ざる，重石，押しぶた，包丁，まな板，ポリ袋（小），重量計，屈折糖度計，pH計，塩分濃度計

●きゅうりピクルス

1）**原材料**（5〜6人分：1人当たり120〜150g）

　主材料：きゅうり5本（約500g）

　下漬け液：10〜13％食塩水（1kg）

　調味液：食酢300g，水300g，砂糖150g，ローレル（月桂樹の葉）5g，とうがらし（輪切り）2g，シナモン（またはしょうが）少々，食塩，砂糖，調味料（味を調製）

2）**用　具**

　シーラー（シール器），漬け込み容器，重石，押しぶた，ポリ袋（小），重量計，塩分濃度計

[農産加工品] 果実・野菜類

5. 製造工程

●らっきょう甘酢漬

らっきょう
・ていねいに水洗いする（土砂は変色の原因となる）。

選別・へた切り
・粒ぞろい等で選別し，包丁で茎と根を切り落とす。

水洗・水切り，計量
・水洗いし，水切り後，計量する。

下漬け塩蔵
- 食塩 (260g)
- 焼きみょうばん (2.3g)
- 食塩水 (500g)

塩漬け（20日以上）
・漬け込み容器に入れ，食塩と焼きみょうばんをまぶすようにして漬け込む。焼きみょうばんはらっきょうの歯切れと褐変防止に効果的である。
・下漬け液（10％食塩水）500gを入れ，押しぶた・重石をのせて冷暗所で20日間以上漬け込み乳酸発酵させる。塩漬け時の塩分は13％以上。

調製（へた切り）
・図に示したように再度茎と根を切り調製する。

塩抜き（水さらし，半日～1日）
・流水中で水さらしを行い，塩分がほとんどなくなるまで塩抜きする。

水切り，計量
・水切り後，計量する（すばやく次工程へ）。

調味漬け
- 甘酢調味液

仕上げ漬け
・甘酢調味液は使用直前に調合して，70～80℃で加熱する。pH3.0以上にする（軟化防止）。（＊pHの測定➡p.109）
・調味液が冷えたら，混合し，表面をビニールで覆い，冷蔵庫で2～3日ほど漬け込む。

調味液（適量）

袋詰め
・新たに甘酢を調合して加える。
・ポリ袋（小）に分けて袋詰めにする。

殺菌（65℃, 10分）
・65℃で10分間殺菌する。70℃以上では変色・軟化が起こるので注意する。

冷却
・冷水中で急速に冷却する。

製品
・製品は低温保存する。

調味漬け時 / 下漬け時 / へたの切除位置

【メ　モ】

14. らっきょう甘酢漬・きゅうりピクルス

●きゅうりピクルス

きゅうり	・ていねいに水洗いする。
へた切り・調製	・包丁で両端を切り落とし，皮付きのままぶつ切りにする。
下漬け液調製	・下漬け液（10〜13％食塩水）1kgを調製し，漬け込み容器に入れる。
塩漬け（1〜2週間）	・きゅうりを樽に入れ，押しぶたをのせて1〜2週間漬け込み乳酸発酵させる。
塩抜き（水さらし，3〜4時間）	・流水中で水さらしを行い，塩抜きする（3〜4時間）。脱塩後，すばやく次工程へ進む。
脱塩きゅうり	
調味液	・調味液は使用直前に調合して，70℃まで加熱する。
仕上げ漬け	・調味液が冷えたら，混合し，冷蔵庫で2〜3日ほど漬け込む。
調味液（適量）／袋詰め	・新たに調味液を調合して小袋に分けて入れ，袋詰めにする。
殺菌（65℃，10分）	・65℃で10分間殺菌する。70℃以上では軟化が起こるので注意する。
冷却	・冷水中で急速に冷却する。
製品	・製品は低温保存する。 ・食べ頃は，1〜2週間後である。

6. 要　点

▶品質と漬込み・保存

　農産物漬物の品質は，漬け上がりの香味，歯切れ，肉質および光沢の良好なものがよいとされているが，農産物は低pHで長く漬けていると組織が軟化してくる。らっきょうやきゅうりも長時間甘酢調味液に漬けておくと歯切れが落ちて品質が低下する。低温保存するか，賞味期間中に早めに食べられるよう計画的に作ることが大切である。

[農産加工品] 果実・野菜類

15. 梅干し

1. 歴史・加工の背景

　梅干しは，梅の実を塩漬けにした日本古来の保存食で，防腐効果や食欲増進作用があるといわれている。梅を塩漬けにしただけのものを**梅漬け**，または**ドブ漬け**という。これを夏の土用の頃，天日に干して漬け込んだものが**梅干し**である。天日に干すことで実くずれを防ぎ，実が真夏の熱気にさらされて熟成を早め，しその着色もよくなる。

　梅は北海道を除けば日本中で収穫されるが，特に和歌山県（紀州）が有名である。

　梅の実はその粒の大きさや形状により，大粒，中粒，小粒に分類され，大粒では「豊後」，小粒では「甲州小梅」が有名である。

2. 製造原理

　原料となる梅は黄色に色づいて熟したものが，香りも味もよくなる。梅干しは，梅の中に含まれる**クエン酸**を主体とする有機酸と食塩の作用により漬物の中でも保存性が高い。

　赤色に着色するには赤しその葉を利用するが，これは赤しその葉の色素である**シソニン**（アントシアン系色素）が梅の酸に反応して鮮やかな赤色になり，着色するためである。梅干しは，しその風味も大切な要素であり，赤しそ特有の色と香りをうまく利用した食品のひとつである。

3. 規格・基準

JAS規格では，農産物漬物のうち梅干しおよび梅を原材料とする漬物（梅漬け，調味梅漬け，調味梅干し）について，下表のとおり定義している。また，それらについての主な規格を示す。

梅漬け・梅干し・調味梅漬け・調味梅干しのJAS規格（抜粋）

用　語	定　　義
梅　漬　け	農産物塩漬け類のうち，梅の果実を漬けたもの又はこれを梅酢若しくは梅酢に塩水を加えたものに漬けたもの（しその葉で巻いたものを含む。）。
梅　干　し	梅漬けを干したもの。
調味梅漬け	梅漬けを砂糖類，食酢，梅酢，香辛料等又はこれらに削りぶし等を加えたものに漬けたもの（しその葉で巻いたものを含む。）。
調味梅干し	梅干しを砂糖類，食酢，梅酢，香辛料等若しくはこれらに削りぶし等を加えたものに漬けたもの又は調味梅漬けを干したもの（しその葉で巻いたものを含む。）。

区　分	基　　準
香　味	漬け上がり固有の香味が良好でなければならない。
肉　質	肉質が良好でなければならない。
色　沢	漬け上がり固有の色沢が良好でなければならない。
調　製	病虫害果等の除去及び粒ぞろいが良好でなければならない。
調味液の状態（梅漬け及び調味梅漬けであって調味液を封入したものに限る。）	沈殿及び混濁があってはならない。
水素イオン濃度	梅漬け及び梅干しにあってはpH 3.0（甲州最小等の小梅を漬けたものにあっては，pH 3.5）以下とし，それ以外のものにあってはpH 3.8以下とする。

4. 材料・用具

1）**原材料**（6人分：1人当たり100～150 g）

主材料：梅の実 2 kg，食塩 400 g，赤しその葉 100 g

副材料：20％食塩水 500 g，食塩 10 g

2）**用　具**

漬け込み容器，ボール，重石，押しぶた，ざる，かめ，容器（タッパー，瓶など），重量計

[農産加工品] 果実・野菜類

5. 製造工程

```
梅の実
 ↓ ←水
水漬け（一晩）
 ↓
水切り，計量
 ↓
アク抜き梅
 ↓ ←食塩（400g）
塩漬け（20日間以上）
 ↓
         赤しそ
          ↓ ←食塩（10g）
着色（2～3日）
 ↓
天日干し（2～3日）
 ↓
漬け込み（10日間）
 ↓
熟成（1か月以上）
 ↓
パック詰め
 ↓
製品
```

- 梅の実をボールに入れる。

- ボールにたっぷりの水を入れ，一晩水漬けしてアクや苦味を取り除く。

- 水切りをし，計量する。

- 梅を容器に戻し，食塩400g（原料重量の20～25％）をまぶすようにして加える。

- 押しぶたをし重石をのせ，20日間以上塩漬けにする。

- 赤しその葉は食塩10gを加えて軽く塩もみする。最初に出るアク汁は捨てる。

- 赤しそを加え，さらに2～3日漬け込む。
- 赤しそをあらかじめ少量の漬け汁（梅酢）でもんでおくと色素が抽出されやすい。

- 日中はざるに入れ天日干しにし，夜間は梅酢に戻す。これを2～3日続ける。

- 梅酢に戻して10日間ほど漬け込む。
  *梅酢：梅の実の塩漬けにより出た漬け液のこと（クエン酸を多く含む液）。

- かめに赤しそが上部にくるように移し入れ，梅が軽くつかる程度に梅酢を加える。
- かめは密封して冷暗所に置き，1か月以上熟成させる。

- タッパーや瓶などの容器に入れる。

【メモ】

15. 梅　干　し

6. 要　点

▶原料となる梅の品種と市販品

梅干しには,「白加賀」,「養老」,「甲州小梅」など中粒や小粒の品種の梅が主に使用されている。日干しを行わず,漬け液にそのまま漬け,熟成させた梅漬けも多く市販されている。また,しそで着色しない**白梅干し**や**白梅漬け**もある。市販されている梅干しでは,20％食塩水で漬け込んだ梅漬けを流水で3時間ほど脱塩して調味液で味をととのえ,乾燥させた減塩のもの（塩分10～12％）が多い。

● **コラム**　　　　　　　**減塩梅漬けの製造**

　減塩梅漬けを作るには大きく分けると3つの方法がある。
① 食塩以外の浸透圧を高くする成分を用いる：アルコール（2～5％,焼酎,ホワイトリカーなど）,塩化カリウム（食塩の代替え1/4～1/3程度まで）,糖アルコール（ソルビット）等を利用する。
② 乳酸,酢酸などの有機酸を利用する。
③ 脱塩後,味を調味液で調製する。

　いずれの方法で製造しても減塩できるが,塩分濃度が低く,保存性が低下しやすいので,衛生的に製造すること,および低温（10～15℃）での製造・流通・貯蔵が必須である。

　調味の例を以下に示す。
　塩抜き梅（食塩5％,酸1.4％）5kgの調味例
　　〔調味液〕5kg（塩分濃度4.9％）
　　　・淡口しょうゆ　500g
　　　・砂糖　300g
　　　・食塩　155g
　　　・りんご酸　10g
　　　・グルタミン酸ソーダ　10g
　　　・しそ
　水で全量を5kgにする。

[農産加工品] 果実・野菜類
16. はくさいキムチ

1. 歴史・加工の背景

　キムチは，朝鮮の代表的な漬物である。キムチに関する記述が最初にみられるのは高麗後期の李奎報(リキュポ)（1168〜1241年）が著した詩集の中で，だいこんのキムチに関するものである。**とうがらしは使われておらず**，現在のものとはかなり異なるものとされている。1670年に書かれた『飲食知味方(ウムシクチミバン)』という料理書には，数種類のキムチの作り方に関する記述があるが，これらにもとうがらしは使われていない。1809年に書かれた『閨閤叢書(キョハプチョンソ)』には，少量の千切りとうがらしを使ったキムチの記述があることから，その頃にはとうがらしが朝鮮に移入され，キムチにとうがらしが利用されはじめたものと考えられる。一方，現在のキムチに利用されている結球性のはくさいは品種改良によって作出されたものであり，完成したのは18世紀以降とされていることから，結球はくさいと粉とうがらしを用いたキムチが普及しはじめたのは，少なくとも18世紀以降と考えられる。このように，キムチは比較的歴史の浅い漬物といえる。

2. 製造原理

　キムチは下漬け野菜に**薬念**(ヤンニョム)を挟み込み，乳酸発酵によって製造される**乳酸発酵漬物**である。利用される主な野菜は，はくさい，だいこん，きゅうりで，副材料としては，にんにく，とうがらし，しょうが，ねぎなどが使用される。野菜のほかに，あみ（えびに似た小型甲殻類），いかなどの魚介類の塩辛や果物，海藻など，多様な材料が使われることも特徴のひとつである。

　薬念は千切りにしただいこんやねぎ，おろしにんにく，おろししょうが，粉とうがらし，魚介類の塩辛などを混合し，ペースト状にしたものである。魚介類の塩辛などの動物性たん白質は，キムチの風味を高めるだけでなく，乳酸菌が増殖するのを促進する。

　とうがらしに含まれる辛味成分の**カプサイシン**は，代謝を活発にし，消化液の分泌促進や血管の拡張作用などの生理効果を有する。にんにくの主要な成分である**アリイン**はアリイナーゼによってアリシンに変化する。**アリシン**は単独では，増血・強肝作用があり，ビタミンB_1と結合するとアリチアミンに変化し，体内に効率よく吸収され，新陳代謝を活発にする働きのあることが知られている。

3. 規格・基準

　JAS規格では，キムチは「農産物赤とうがらし漬け類」として分類され，その一部に「はくさいキムチ」と「はくさい以外の農産物キムチ」がある。

　また，キムチは，塩漬け，水洗および水切りしたはくさい（またははくさい以外の農産物）を主原料として，赤とうがらし粉，にんにく，しょうが，ねぎ類，だいこんなどを使用した原材料に漬け，低温で乳酸を生成させたものと定義されている。したがって，乳酸発酵を伴っていないものは，分類上「農産物赤とうがらし漬け類」ではあるが，キムチではない。JAS規格におけるキムチの主な規格を示す。

はくさいキムチおよびはくさい以外の農産物キムチの主なJAS規格（抜粋）

項　目	基　　準	
	はくさいキムチ	はくさい以外の農産物キムチ
香　味	適度な辛味及び塩味を有しなければならない。発酵が進んでいるものにあっては適度な酸味を有しなければならない。	適度な辛味及び塩味を有しなければならない。発酵が進んでいるものにあっては適度な酸味を有しなければならない。
歯切れ及び肉質	適度な硬さ，良好な歯切れ感及び肉質を有しなければならない。	適度な硬さ，良好な歯切れ感及び肉質を有しなければならない。
色　沢	赤とうがらし粉固有の良好な赤味色を有しなければならない。	赤とうがらし粉固有の良好な赤味色を有しなければならない。
塩　分	1.0％以上4.0％以下とする。	1.0％以上4.0％以下とする。
総酸度	1.0％以下とする。	1.2％以下とする。
固形物の割合	—	内容重量に対する固形物の割合（山菜及び菜類を主原料としたものを除く。）は，75％（内容重量が300g以下のものにあっては，70％）以上とする。

4. 材料・用具

1）材　料（6人分：1人当たり500〜600g）

　原材料：はくさい1個，食塩（はくさい重量の4％）

　薬　念：だいこん400g，にら1/2束（90g），砂糖60g，白ねぎ1本（50〜100g），粉とうがらし50g，あみ塩辛50g，おろしにんにく50g，白玉粉15g，魚醤10g，おろししょうが10g，食塩9g

2）用　具

　鍋，ボール，アルミ角盆，ざる，包丁，まな板，木じゃくし，ポリ袋，輪ゴム，重量計，pH計

[農産加工品] 果実・野菜類

5. 製造工程

(1) はくさい下漬け

はくさい	・はくさいを水洗し，水を切る。
調製	・はくさいを4つ割りにする。
振り塩 ←食塩(重量の4%)	・4つ割りしたはくさいの葉の1枚1枚の根元の白いところに，はくさい重量の4%の食塩を，こすりつけるようにしてつける。
塩漬け (冬：1日，夏：4～5時間，春秋：半日)	・ポリ袋にはくさいを入れ，空気を押し出すようにして袋の口をしばり（輪ゴムでよい），水が出てきたら天地返しておく。 ・空気が貯まっているようであれば，空気を抜き，再度，袋の口をしばっておく。 ・漬ける時間は，冬は1日，夏であれば4～5時間，春秋は半日室温に置く。
水洗	・はくさいをボールに取り，水でよく洗い余分な塩分を取り除く。
絞り	・水気が残っていると水っぽいキムチになりやすいので，手で強く絞る。
下漬けはくさい	

(2) 薬念の調製

だいこん・白ねぎ・にら・あみ塩辛	・だいこんは皮を剥いて，長さ約3cmで輪切りにし，縦に板状に切った後で千切りにする。
調製	・白ねぎは3cmの長さに切った後で千切りにする。 ・にらは2～3cm幅で切っておく。 ・あみ塩辛は，まな板（魚用）の上で，包丁でたたいて細かくしておく。
白玉粉 ←水(適量)	・鍋に白玉粉を入れ，適量の水を加えてダマができないようにていねいに溶く。

【メモ】

16. はくさいキムチ

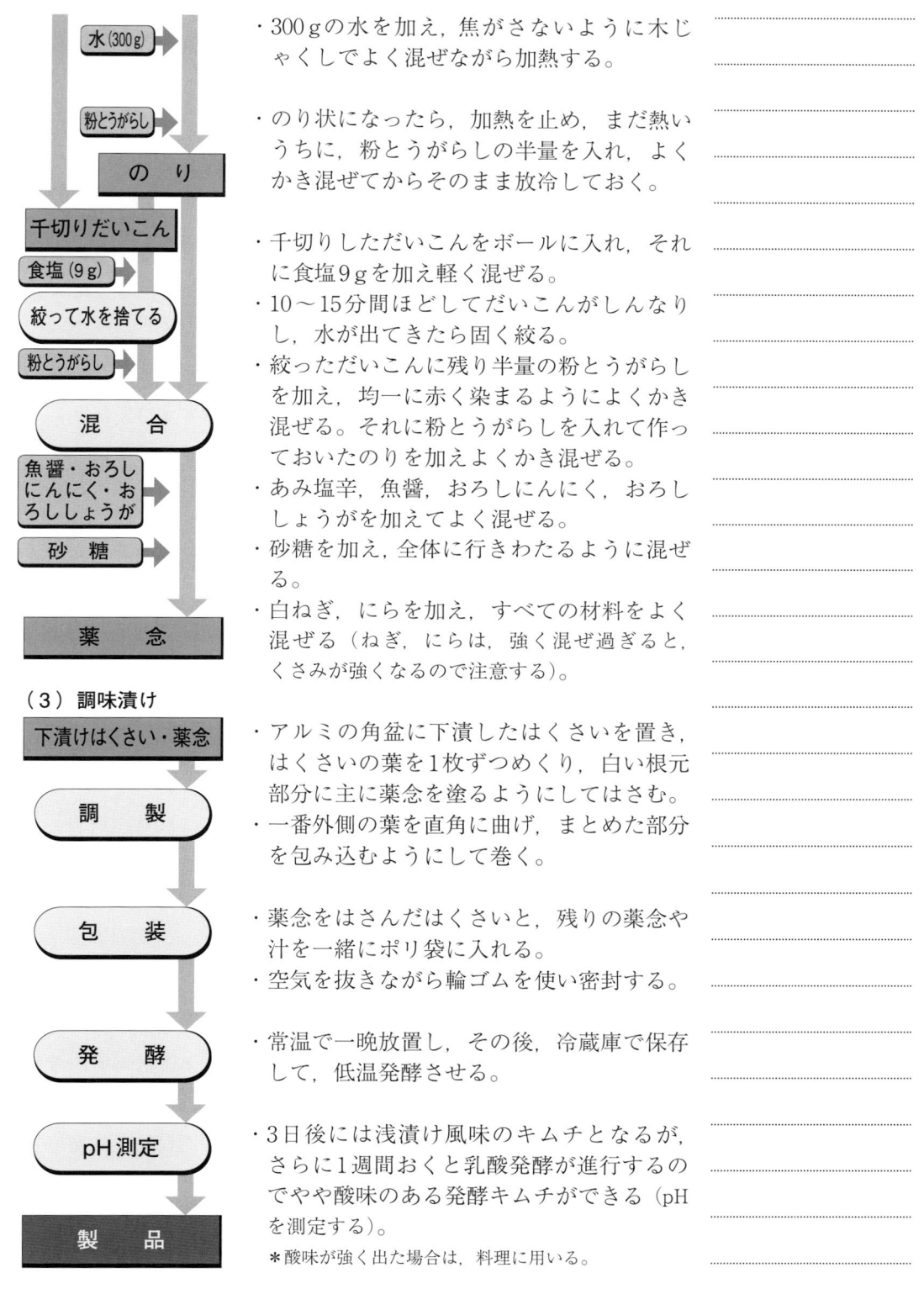

- 300 gの水を加え,焦がさないように木じゃくしでよく混ぜながら加熱する。
- のり状になったら,加熱を止め,まだ熱いうちに,粉とうがらしの半量を入れ,よくかき混ぜてからそのまま放冷しておく。
- 千切りしただいこんをボールに入れ,それに食塩9 gを加え軽く混ぜる。
- 10〜15分間ほどしてだいこんがしんなりし,水が出てきたら固く絞る。
- 絞っただいこんに残り半量の粉とうがらしを加え,均一に赤く染まるようによくかき混ぜる。それに粉とうがらしを入れて作っておいたのりを加えよくかき混ぜる。
- あみ塩辛,魚醤,おろしにんにく,おろししょうがを加えてよく混ぜる。
- 砂糖を加え,全体に行きわたるように混ぜる。
- 白ねぎ,にらを加え,すべての材料をよく混ぜる(ねぎ,にらは,強く混ぜ過ぎると,くさみが強くなるので注意する)。

(3) 調味漬け

- アルミの角盆に下漬したはくさいを置き,はくさいの葉を1枚ずつめくり,白い根元部分に主に薬念を塗るようにしてはさむ。
- 一番外側の葉を直角に曲げ,まとめた部分を包み込むようにして巻く。
- 薬念をはさんだはくさいと,残りの薬念や汁を一緒にポリ袋に入れる。
- 空気を抜きながら輪ゴムを使い密封する。
- 常温で一晩放置し,その後,冷蔵庫で保存して,低温発酵させる。
- 3日後には浅漬け風味のキムチとなるが,さらに1週間おくと乳酸発酵が進行するのでやや酸味のある発酵キムチができる(pHを測定する)。

*酸味が強く出た場合は,料理に用いる。

[農産加工品] 果実・野菜類
17. 中濃ソース

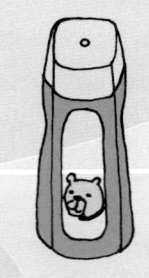

1. 歴史・加工の背景

　広義のソースは，食材の汁を使って煮込むことによって料理にうま味を付与する調味的な要素を有する素材であり，一般の料理のほかに菓子やデザートなどの添え汁として利用される。しかし，わが国でソースというと通常，ウスターソース類のことをさしている。

　ウスターソースは，1835年頃，イギリスのウスターシャー州の薬剤師であったジョン・W・リーとウィリアム・ペリンズがインドの調味料をまねて製造したのが最初とされる。アンチョビなどを使用したソースで，地名に由来する「ウスターソース」として販売が始まった。現在もウスターシャーに本社を構えるリー＆ペリン社によって製造・販売されている。

　わが国で最初にウスターソースが製造されたのは明治時代である。元来，料理の隠し味として，数滴たらして使用されるものであったが，わが国では，ウスターソースがしょうゆに似ていたことから，料理にたっぷりとかける形で使われはじめた。明治時代後期になると全国的にソースが普及したが，当時のソースは粘度の低いさらさらとしたソースであった。戦後，日本風に改良が重ねられ，粘度の高い**濃厚ソース**（とんかつソース）ができ，さらに，ウスターソースと濃厚ソースの中間的な粘度を有する**中濃ソース**が製造されるようになった。現在では食生活の洋風化に伴い消費量が増大し，各家庭で常備される調味料のひとつとなっている。

2. 製造原理

　ウスターソース類は，野菜や果実を加熱によって煮出したものに，砂糖，食酢，食塩，香辛料を加えて製造される。ソース類特有の味覚や風味は，原材料に由来する各成分のバランスによって生み出されている。各野菜からは特有のうま味が引き出される。また，食酢からは酸味，食塩からは塩味，香辛料からは特徴ある香りが複雑に加わっている。ウスターソース類は，食塩が比較的多く使用されることから水分活性が低い上に，食酢が加わることによって保存性が高い。

3. 規格・基準

　JAS規格では，ウスターソース類は，「野菜若しくは果実の搾汁，煮出汁，ピューレー又はこれらを濃縮したものに砂糖類（砂糖，糖みつ及び糖類をいう），食酢，食塩及び香辛料を加えて調製したもの」またはそれに「でん粉，調味料等を加えて調製したもの」で，「茶色又は茶黒色をした液体調味料をいう」と定義されている。ウスターソース類は，**ウスターソース**，**中濃ソース**，**濃厚ソース**に分類されており，それぞれ規格が定められている。

ウスターソース類のJAS規格（抜粋）

区　分	基　　　準					
	ウスターソース		中濃ソース		濃厚ソース	
	特級	標準	特級	標準	特級	標準
無塩可溶性固形分	26％以上	21％以上	28％以上	23％以上	28％以上	23％以上
野菜および果実の含有率	10％以上	—	15％以上	—	20％以上	—
食塩分	11％以下	11％以下	10％以下	10％以下	9％以下	9％以下
粘度（Pa·s）	0.2未満	0.2未満	0.2以上 2.0未満	0.2以上 2.0未満	2.0以上	2.0以上

4. 材料・用具

1）**原材料**（6人分：1人当たり180〜200g）

　野　菜：たまねぎ200g，りんご200g，にんじん50g，しょうが15g，にんにく10g

　調味材料：砂糖210g，食酢180g，りんご酢120g，トマトペースト85g，食塩70g，コーンスターチ15g，カラメル6g

　香辛料：こしょう1g，クローブ0.5g，シナモン0.5g，セージ0.5g，タイム0.5g，ナツメグ0.5g，オールスパイス0.5g，カルダモン0.5g，粉とうがらし0.5g

2）**用　具**

　ミキサー，鍋，包丁，ゴムべら，木じゃくし，玉じゃくし，濾し袋（ガーゼ可），ろうと，ソース容器（容量180g），重量計

[農産加工品] 果実・野菜類

5. 製造工程

にんじん・たまねぎ・りんご・にんにく・しょうが	・原料の野菜を水でよく洗う。
調製	・それぞれ皮を剥き，ミキサーで磨砕できる程度の大きさに切り，ミキサーに入れる。
水（適量）	・水500gを用意し，そのうち磨砕に必要な量の水を加える。
磨砕（2分）	・ミキサーで2分間磨砕する。
野菜汁	・磨砕した野菜汁を鍋に入れ，ミキサーに残った残渣をゴムべらでよくかきとり，さらに残りの水を使って鍋に洗い込む。
加熱・撹拌（沸騰後弱火で20分）	・野菜汁を加熱し沸騰したら，さらに20分間弱火で木じゃくしを用いて撹拌加熱する。焦げ付かないように注意する。
搾汁	・濾し袋で野菜汁をろ過する。
トマトペースト・砂糖・食塩・だしの素・香辛料・カラメル	・調味材料，香辛料を加える。
加熱（10分）	・10分間加熱する。
コーンスターチ	・少量の水で溶いたコーンスターチを加えて加熱し，とろみを付ける。
食酢・りんご酢	・食酢，りんご酢を加える。
煮沸水	・1kgになるよう，煮沸した水を加え調製する。
容器詰め	・約70℃まで冷めたら，ろうとと玉じゃくしを用い容器に等分に詰める。 ・容器，ろうと，玉じゃくしはあらかじめ煮沸殺菌しておく。
熟成	・室温で約3週間熟成させる。
製品	

【メモ】

6. 要　　点

▶ JAS規格での名称と一般名

　ウスターソース類は，JAS規格（日本農林規格）によって，ウスターソース，中濃ソース，濃厚ソースという名称に分類されているが，それ以外に，**とんかつソース**，**お好み焼きソース**，**焼きそばソース**のように広く慣用的に使用されているものがある。これらは，一般名といわれているもので，JAS規格の分類では，濃厚ソースに分類されるものである。例えば，商品名の「○○とんかつソース」や「○○お好み焼きソース」は，JAS規格の表示項目では，「濃厚ソース」という名称で記載されることになる。

▶ 香辛料の役割

　各ソースメーカーは，使用する野菜や香辛料の種類，用量を調整することで，独自の特徴ある風味を作り出している。香辛料は，食品の臭みをとり風味をととのえることで食欲を高めるとともに，消化・吸収を促進し栄養素の利用効率を高める働きをもっている。また，クローブやローズマリーなどの香辛料は**抗菌性**，**抗酸化性**を有していることから，香り，味，色を食品に付与するだけでなく，食品の品質保持を高める効果も有している。

測定法　粘度の測定

　ウスターソース類は粘度によって分類されているが，粘度測定には，**B型粘度計**が用いられる。

　恒温槽または恒温水槽中で20℃に調節したソース試料200～300 gを，気泡が入らないよう静かに500 mLのビーカーに入れガラス棒で数回軽くかきまぜ，B型粘度計の回転モータに連結している円柱状のローターをソース試料の中に所定の位置まで静かに沈め，12 rpm（1分間に12回転の速度）で回転させた後，30秒以内に安定した数値を読み取ることで粘度が測定できる。粘度の単位は**Ps·s**（パスカル秒）で表現する。

　粘度は，ウスターソース類以外にもハンバーグソースなどのタレのようにとろみのある食品の特徴を把握したり，製造工程や品質管理を行ったりする上でも重要な物性値になっている。

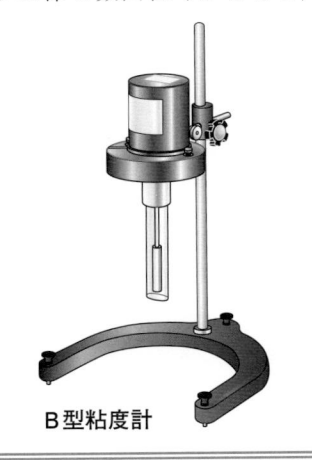

B型粘度計

[農産加工品] 豆 類

18. もめん豆腐

1. 歴史・加工の背景

　豆腐は，約2000年前に中国で作られ，平安時代から鎌倉時代頃に日本へ伝来したといわれている。豆腐の原料である大豆は，豆腐以外にもみそ，しょうゆ，納豆，豆乳，湯葉などの加工品として，また，もやし，きな粉，煮豆，いり豆などいろいろな形で利用されている。近年，大豆オリゴ糖，食物繊維，イソフラボン等の有用成分を多く含んだ食材としても注目されている。

2. 製造原理

　豆腐は，大豆を水に浸漬膨潤させ，磨砕し，加熱，ろ過しておからを分離して得られた**豆乳**に，凝固剤を加えて固めた，たん白質ゲル状食品である。凝固剤には**天然にがり**（主成分は塩化マグネシウム）が用いられてきたが，現在では豆腐の種類により塩化マグネシウム（**にがり**），硫酸カルシウム（**すまし粉**），グルコノデルタラクトンの3種類が使われている（塩化カルシウムが使われることもある）。

　塩化マグネシウム（$MgCl_2$）は凝固反応が速いため「ゆ」（凝固させたゲルからの分離液）が分離しやすく，硬いゲルになる。**硫酸カルシウム**（$CaSO_4$）は水に溶けにくく，豆乳との反応が緩慢なため保水力のある滑らかなゲルになる。**グルコノデルタラクトン**は加熱によりグルコン酸に分解し，豆乳中のたん白質を酸凝固させるが，反応が緩慢であるため組織が均一で滑らかなゲルになる。

　もめん豆腐は，凝固剤としてにがりを用いてたん白質を凝固させた後，木綿を敷いた型枠に凝固物を移し，余分な水分を取り除いて成形した硬めの豆腐である。**きぬごし豆腐**は，すまし粉で豆乳全体を固めた豆腐である。**充てん豆腐**は，豆乳をプラスチック製の容器に充てんし，凝固剤としてグルコノデルタラクトンを加えて密封後，加熱し凝固させたものである。

3. 規格・基準

　JAS規格では，生産情報公表豆腐の規格として生産方法の基準を「豆腐の生産情報を識別番号ごとに正確に記録するとともに，その記録を保管し，事実に即して公表していること」とし，「原料大豆の原産地名・種類・生産年」「豆腐用凝固剤・消泡剤の物質名」「豆腐の固形分」「殺菌方法」「製造業者の氏名または名称

および住所」「問い合わせを行うことができる部署および連絡先」を公表するよう規定している。

　豆腐は大きく分類すると，下表の4種類がある。製造に用いられる豆乳濃度および凝固剤の種類と使用量が異なり，製品の硬さや食感にも特性がある。製造上の特徴を示した。

豆腐の種類とその特徴

種　類	加水量	凝固剤　（　）内は分量	凝固温度	食　感
もめん豆腐	大豆の6倍	$MgCl_2$　（大豆の3％）	65℃	硬い
きぬごし豆腐	大豆の5倍	$CaSO_4$　（大豆の3％）	80℃	柔らかい
ソフト豆腐	大豆の5倍	$CaSO_4$と$MgCl_2$の混合（大豆の2.5〜3.0％）	80℃	ソフト感がある
充てん豆腐	大豆の5倍	グルコノデルタラクトン（大豆の1〜1.5％）	90℃	きぬごしより柔らかい

　原料大豆のうち有機JAS栽培大豆については「有機大豆」と表示でき，「遺伝子組換え大豆」利用については表示義務がある。

　なお，製造企業により「豆腐の衛生規範」（食品衛生法等に準拠）が作られ，豆腐の分類と定義・製造基準などが定められており，品質と衛生が自主的に守られている。

4. 材料・用具

1）材　料（成形木型1個分）

　原材料：大豆400g

　副材料：塩化マグネシウム12g（または硫酸カルシウム12g），消泡剤 少量（サラダ油，大豆レシチンなど）

2）用　具

　ミキサー，豆腐木箱，鍋（ステンレス製），ボール，小ビーカー，重石，木じゃくし，玉じゃくし，さらし布，濾し袋，重量計，計量カップ，温度計，豆乳濃度計

[農産加工品] 豆　類

5. 製造工程

大豆	・水洗し，ボールに入れる。
水（1.6kg以上）→	・大豆重量の4倍以上の水を加える。
浸漬（冬18時間，夏10時間）	・浸漬する。冬（気温6〜10℃）は18時間，夏（気温17〜23℃）は10時間が目安である。
浸漬大豆	・浸漬により大豆重量は2.3〜2.4倍になる。
水（重量の4倍）→	・浸漬大豆重量の4倍量の水を加える。
磨砕	・ミキサーを使い「強」で1分間磨砕する。1度では無理なので何回かに分けて行う。
サラダ油（少量）→	・消泡剤としてサラダ油（大豆レシチン）を少量加える。
煮熟（沸騰後95℃で5分）	・加熱は沸騰するまで行い，沸騰後95℃を保持しつつ，さらに5分間加熱する。
布濾し	・さらし布で濾して豆乳とおからに分ける。
豆乳　おから	＊豆乳濃度計で6〜8％であることを確認。
加熱（65℃）	・豆乳を鍋に入れ65℃＊まで加熱する。
にがり（12g）→	・凝固剤のにがりは少量の水（40g）に溶き，均一に加える。
撹拌	・大きめの木じゃくしですばやく7回混ぜた後，動きを止め，豆乳を静止させる。
静置（10分）	・10分間静置する。
圧搾，成形	・成形は1丁用型箱で，約600gの重しをし，30分間行う。
切断，水さらし	・流水中で2時間水さらしする。
製品	

【メモ】

＊凝固剤にすまし粉を用いる場合は，70℃まで加熱する。

木型は底も穴開き

豆腐形成木型

18. もめん豆腐

> **測定法** 豆乳濃度の測定
>
> **豆乳濃度計**を用いて豆乳の濃度（大豆固形分）を測定すると良い製品ができる。原理は，固形分の屈折率を利用したもので，ポケット豆乳濃度計がよく使用される。そのほかに，豆乳濃度屈折計（測定0～25％）もある。
>
> 数滴の豆乳液で測定でき，6～8％前後の値であれば，しっかりとした豆腐が製造できる。
>
> ポケット豆乳濃度計　　　　豆乳濃度屈折計

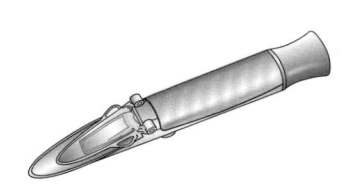

●コラム　**豆腐を利用した加工品**

豆腐の二次加工品として凍り豆腐（高野豆腐）と油揚げ類がある。

凍り豆腐は，硬めに作った豆腐を－10～－15℃で凍結後，－1～－4℃で2～3週間熟成させてから解凍，脱水乾燥，膨軟加工を行って，調理の際に水に戻しやすくした乾燥品。膨軟加工はアンモニアガスやかんすいなどによるアルカリ処理による。

油揚げは，水分の少ない硬めの豆腐を薄く切り，脱水後，低温（110～120℃）と高温（180～200℃）の油で2回揚げて作られる。**厚揚げ**は，厚い豆腐を約200℃の油で揚げて作られる。**がんもどき**は，砕いた豆腐に刻んだ野菜や調味料を加えて丸め，約180℃の油で揚げて作られる。

上記以外の加工品には，豆乳を約80℃で加熱し，表面にできた皮膜をすくい上げた**生湯葉**とそれを乾燥させた**干し湯葉**がある。

[農産加工品] 豆 類
19. みそ

1. 歴史・加工の背景

みその起源は中国で古くから知られている**醤**や**鼓**(ひしお し)といわれている。これらが朝鮮を経由して日本に伝えられ，改良され独自の**大豆発酵食品**としてみそが誕生した。語源は朝鮮語の「miso（蜜祖）」に由来し，「味噌」という文字は平安時代初期に現れ，「噌」は「にぎやか」という意味で，「にぎやかな味をもったもの」ということである。昔から何にでも合い，万能調味料として利用されてきた。現在は各地方の産物，気候風土，食習慣によって地方色豊かな製品が数多く生産されている。

みそは原料，食塩含量，色調，形状によって区分される。また，利用目的により，調味料として用いる**普通みそ**と副食に用いる**なめみそ**（加工みそ）に大別される。普通みそはこうじの原料によりさらに米みそ，麦みそ，豆みそに分類できる。なめみそには醸造なめみそと加工なめみそがある。

2. 製造原理

みそは米，麦または大豆でこうじをつくり，これに食塩を混ぜ，蒸した大豆とよく混合して発酵，熟成させて製造する。みその風味は，原料の大豆の割合が多いときはうま味が強く，米または麦が多いときは甘味が強くなり，食塩が多くなると貯蔵性がよくなる。発酵，熟成中には**酵母**（*Zygosaccharomyces rouxii*, *Candida versatilis*）や**乳酸菌**（*Tetragenococcus halophilus*）などが増殖する。熟成期間は2～3か月のものから2年以上のものまである。**こうじ菌**（*Aspergillus oryzae*）は**アミラーゼやプロテアーゼ**を産生し，原料のでん粉やたん白質を加水分解して，糖質やアミノ酸を生成する。酵母はアルコールを産生し香気成分を生成し，乳酸菌は乳酸を産生し，原料臭の除去や酸味形成とともに腐敗菌の増殖抑制にも関与している。

なめみそ（加工みそ）は，醸造によって調製される**醸造なめみそ**（金山寺みそ，浜納豆など）と普通みそをベースに魚，肉類や野菜を入れ，砂糖，調味料，香辛料などで味を調えた**加工なめみそ**（たいみそ，ピーナッツみそ，ゆずみそなど）に分けられる。特殊みそとして栄養強化みそ，減塩みそ，乾燥みそなどがある。

3. 規格・基準

みそのJAS規格（抜粋）

用語	定義
みそ	次に掲げるものであって，半固体状のものをいう。 1　大豆若しくは大豆及び米，麦等の穀類を蒸煮したものに，米，麦等の穀類を蒸煮してこうじ菌を培養したものを加えたもの又は大豆を蒸煮してこうじ菌を培養したもの若しくはこれに米，麦等の穀類を蒸煮したものを加えたものに食塩を混合し，これを発酵させ，及び熟成させたもの 2　1に砂糖類（砂糖，糖みつ及び糖類をいう。），風味原料（かつおぶし，煮干魚類，こんぶ等の粉末又は抽出濃縮物，魚醤油，たん白加水分解物，酵母エキスその他これらに類する食品をいう。以下同じ。）等を加えたもの

普通みそは，こうじ原料，塩加減，色調，製品の形状により以下のように分類できる。

普通みその分類

こうじ 原料	米みそ 麦みそ 豆みそ	米こうじで作ったもの。 麦こうじで作ったもの。 豆こうじで作ったもの。
塩味の 強弱	甘口みそ 辛口みそ	塩味の薄い，貯蔵性を目的としないもの。 食塩含量が多く，貯蔵性の高いもの。
色　調	白みそ 赤みそ 淡色みそ	黄褐色のみそ。甘みそに多い。 赤褐色で，色が鮮やか。 白みそ，赤みその中間色のもの。
形　状	粒みそ 漉しみそ	製造したままのもので，大豆は荒つぶしのままのもの。 みそを，みそ漉しでつぶしたもの。

4. 材料・用具

1）原材料（6人分：1人当たり約350g）
　主材料：大豆 1 kg
　副材料：米こうじ 600 g，食塩 500 g

2）用　具
　オートクレーブ（圧力釜），ミキサー，ボール，ふた付きホーロー容器，重石，押しぶた，重量計

[農産加工品] 豆 類

5. 製造工程

```
大豆
  ↓
選別，水洗  ・大豆を選別し，水洗いする。
  ↓
浸漬         ・水に浸漬する。浸漬時間の目安は，水温
(20℃, 10～12時間)  20℃で10～12時間，夏場は6時間程度行
             う。浸漬により大豆重量は約2.3倍に膨潤
             する。
  ↓
蒸煮         ・オートクレーブ（圧力釜）（1kg/cm²）で30
(30分)       ～40分間大豆を蒸煮し，大豆がつまんで
             潰れる程度の柔らかさにする。
  ↓
磨砕         ・蒸煮大豆を熱いうちに手で潰す。
  ↓
食塩・       ・潰した大豆の温度が40℃以下になったら，
米こうじ →    食塩50gを混合した米こうじを加え十分に
  ↓          混ぜ合わせる。
混合
  ↓
仕込み       ・殺菌した容器に隙間なくみそを詰め，みそ
             の表面を平らにして，食塩でふたをするよ
食塩 →       うに食塩をまぶす。
             ・その上からラップなどで密閉し，落としぶ
             たをして，重石をのせる。
  ↓
発酵，熟成   ・5～10か月間ほど熟成させる。熟成の条件
(5～10か月)  は温度により異なる。
  ↓
製品         ・好みにより，漉しみそにする場合はミンサ
             ーにて漉す。
```

【メ　モ】

19. み　そ

6. 要　点

▶ **みその原料**

　大豆は吸水性，保水性のよい大粒が適する。米は吸水性，粘りの少ないものがよい。淡色系みその麦は精白度を高くする。**こうじ**はプロテアーゼ，アミラーゼなど原料の分解に必要な酵素を生成するものがよい。こうじ原料の細胞組織に菌糸が侵入・繁殖（**はぜ込み**）し，細胞内に隙間をつくり，酵素作用を受けやすい状態がよい。微生物の生育促進物質，みその香味成分の前駆体を生成するようなこうじが好ましい。

▶ **みその種類**

原料による分類	味や色による分類		主な銘柄	こうじ歩合	食塩(%)	醸造期間
普通みそ	米みそ	甘みそ	白	白みそ，京風白みそ	15〜30	5〜7	5〜20日
			赤	江戸みそ	12〜20	5〜7	5〜20日
		甘口みそ	淡色	相白みそ，中甘みそ	8〜15	7〜12	5〜20日
			赤	中みそ	10〜15	11〜13	3〜6か月
		辛口みそ	淡色	信州みそ	5〜10	11〜13	2〜6か月
			赤	仙台みそ，赤みそ	5〜10	11〜13	3〜12か月
	麦みそ	甘口みそ		麦みそ	15〜25	9〜11	1〜3か月
		辛口みそ		麦みそ，田舎みそ	8〜15	11〜13	3〜12か月
	豆みそ			豆みそ，八丁みそ，たまりみそ	(全量)	10〜20	5〜20か月
加工みそ	醸造なめみそ			金山寺みそ，醤（ひしお），浜納豆，寺納豆　など			
	加工なめみそ			たいみそ，鳥みそ，ゆずみそ，そばみそ，ピーナッツみそ，かつおみそ　など			
特殊みそ	栄養強化みそ			カルシウム，ビタミンB_1，B_{12}およびAなどを強化したみそ			
	減塩みそ			低ナトリウム食品の一種，塩分が普通みその50%以下			

＊こうじ歩合：大豆に対する米（麦）の重量比率。こうじ歩合＝米（麦）の重量／大豆の重量×10。こうじ歩合が高いほど甘口みそになる。

▶ **みその着色**

　みそは熟成に伴い着色する。これはたん白質および分解物のペプチド，アミノ酸と糖による**アミノ・カルボニル反応**によるもので，熟成期間が長いほど濃く着色する。

● **コラム**　　　　　　**米こうじの作り方**

　白米1kgを蒸して蒸米とし，ほぐして30℃に冷まして種こうじ1gを散布（ほぼ，米1粒当たり10,000個の胞子量となる）し，床もみ＊後，布に包んで30〜45℃で保温する。約15時間後，こうじ菌の繁殖が確認できたら，こうじぶた＊にこうじを盛り，はぜ込みを観察し，製造する。

　＊床もみ：種こうじを散布した蒸米を床上で揉み，胞子を蒸米に接種する作業。
　＊こうじぶた：30cm×45cm，深さ5cm程度の浅い木箱。

[農産加工品] 豆 類

20. 納 豆

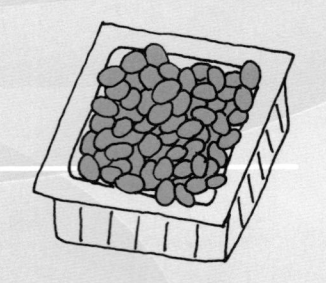

1. 歴史・加工の背景

　701年に制定された大宝律令には，現在のみそ，しょうゆなどの起源となる**醤**や**鼓**といった食品についての記述があり，これが日本における大豆発酵食品についての最初の記録である[1]。最初に「納豆」という名が記載されたのは，塩納豆である。

　糸引納豆に関する記述が現れるのは，室町時代の『精進魚類物語』が最初であるが，一般庶民に広く伝播したのは江戸時代からである[1]。

　納豆菌は，1894（明治27）年に矢部規矩治が分離したのが最初である。1905年に沢村真が*Bacillus natto Sawamura*と命名し，1909年に村松舜祐が多様な性質をもつ複数の納豆菌株を分離した。1914年には半澤洵が，納豆菌の純粋培養法を確立し，その後，納豆製造に純粋培養菌が用いられるようになった。半澤は1919年に藁苞（わらでできた包装材）は非衛生的であると言明し，経木や折詰などの容器を利用した納豆製造を提唱した。

2. 製造原理

　納豆は大きく2つに分けられる。ひとつは**塩納豆**とよばれるもので，これは，発酵の様式などからみそやしょうゆに近い発酵食品で，もうひとつは**糸引き納豆**である。元来は，稲についた納豆菌が稲わらで胞子となり，蒸煮大豆と接触し発酵した産物である。現在は，蒸煮した大豆に納豆菌を接種し発酵させるのが一般的な製造方法である。

　納豆のおいしさは，大豆そのものと粘質物にある。大豆は成分的に炭水化物（糖類）が多いものがよい。納豆菌は**枯草菌**（*Bacillus subtilis*）に分類され，**納豆菌**（*Bacillus subtilis natto*）と名付けられたバクテリア（細菌）の一種である。これが蒸煮大豆の表面で繁殖し，納豆菌の産生するたん白質分解酵素により大豆中のたん白質がアミノ酸にまで分解され，粘質物と風味が産出される。粘質物はグルタミン酸の**ポリペプチド**（γ-ポリグルタミン酸）と**フラクタン**（果糖がつながったもの）で形成されている混合物である。

3. 規格・基準

　JAS規格は定められていないが，加工食品であるため「名称」「原材料名」「内容量」「賞味期限」「保存方法」などについて表示義務がある。また，豆腐と同様に，原料大豆のうち有機JAS栽培大豆については「有機大豆」と表示でき，「遺伝子組換え大豆」を利用している場合は，その旨表示しなければならない。

　一般には納豆は，原料大豆の粒形や加工法，栽培地・栽培法などによって分類することができる（下表参照）。また，製品の容器の形態や素材により，PSP（ポリスチレンペーパー，発泡スチロール）角容器，カップ容器，紙箱，カップ，経木，わらづと，ほかに分類できる[2]。

原料大豆による納豆の分類[2]

	種　類	粒形の直径
粒形による分類	大粒大豆	直径7.9 mm以上
	中粒大豆	直径7.3 mm以上7.9 mm未満
	小粒大豆	直径5.5 mm以上7.3 mm未満
	極小粒大豆	直径4.9 mm以上5.5 mm未満

	種　類	加　工　法
加工法による分類	丸大豆納豆	大豆をそのままの形で製造
	挽きわり納豆	生のまま研磨機にかけ8つ割り程度にし，風選で種皮を飛ばし，ふるいにかけ微粉を除去する

	区　分	表　示
栽培地・栽培法による分類	原産地	国産大豆，輸入大豆（中国，北米，オーストラリア，南米）
	生産地	国内産，中国産，アメリカ産，カナダ産
	栽培法	有機栽培，無農薬栽培

4. 材料・用具

1）原材料（6人分：1人当たり40 g）

　主材料：大豆120 g

　副材料：納豆菌（10^4 cells/g以上の納豆菌胞子）液6 g（または市販の納豆30 g）

2）用　具

　オートクレーブ（圧力釜），恒温器，穴あきフィルム，発泡スチロール容器，重量計

[農産加工品] 豆 類

5. 製 造 工 程

大 豆
↓
精 選
・きょう雑物，未熟豆，砕け豆，虫食い豆を除き，120gにする。
↓
洗 浄
・よく洗い，表面についた土砂などを取り除く。
↓
浸 漬（8時間以上）
・水に8時間以上浸漬させる。大豆は約2倍の240gになる。
↓
蒸 煮（121℃, 30分）
・オートクレーブ（圧力釜）に入れ，121℃で30分間蒸煮する。
↓
納豆菌6g（納豆30g）→
菌の接種, 混合
・納豆菌6gまたは市販の納豆30gを加え，よく混ぜる。
・蒸煮大豆の品温が80〜90℃の熱いうちに行う。
↓
容器詰め（40gずつ）
・容器に40gずつ入れる。
↓
包 装
・穴あきフィルムをのせ，ふたをする。
↓
発 酵（35〜40℃, 85〜90％ 16〜18時間）
・恒温器で発酵させる。
・温度：35〜40℃，相対湿度：85〜90％ 発酵時間：16〜18時間。
↓
冷却・熟成
・冷蔵庫で，2〜5℃で約12時間熟成する。
↓
製 品

【メ モ】

大豆表面の納豆菌の電子顕微鏡写真
（つくば国際大学　熊田薫　提供）

6. 要　　　点

よい納豆を製造するには，優れた製造技術とともに，好適な高品質の大豆と発酵の主役を演じる納豆菌が重要である。

▶原料大豆の選択

小粒，極小粒が好まれるのは，粒が小さいほど単位重量に対する表面積が大きいため粘質物生成量が多いこと，酵素も中心部への浸透が速いのでうま味が強いこと，飯の大きさに近い粒径のほうが食べたときの食感がよいことなどが理由として考えられる。大粒のものは，表面は納豆であるが中心部は煮豆の状態である。

▶納豆菌の選択

現在市販されている納豆菌は，宮城県仙台市で製造される**宮城野菌**，山形県山形市での**高橋菌**，東京都練馬区での**成瀬菌**の3種であり，それぞれにでき上がりの納豆に特徴がある。大手の納豆製造業者の場合，自社で独自の納豆菌を分離開発し使用している。納豆菌は，固体基質の中に潜り込んで繁殖することができないので，大豆表面の栄養成分を溶かす水の存在が重要である。発酵しすぎると，納豆菌は繁殖を続け炭素源の不足から，遊離アミノ酸に炭素源を求め，脱アミノ反応によりアンモニアが生じる。したがって，温度と湿度の管理とともに，発酵時間の管理も重要である。

7. 評　　　価

でき上がった納豆について以下の観点から評価する。

①豆の色は薄茶色で鮮やかである。②豆に，割れ，つぶれ，皮むけなどがない。③菌苔（増殖した納豆菌と粘質物の層）にムラがなく一定の厚さで覆われている。④糸引き具合については，よく糸を引くか。

※納豆菌を使い製造した納豆と，市販の納豆を種菌として製造した納豆を比較してみよう。

●コラム　　挽きわり納豆

挽きわりした大豆は子葉が砕けているので，糖やたん白質の溶出を防止するため，0.3％の食塩水に浸漬させる。時間は2〜3時間でよい。蒸煮は，団子のように固まるのを防ぐため，低圧，短時間で行う。このため十分な殺菌が行われないことがある。粒径の小さい挽きわり納豆は，単位重量に対する表面積が大きい上に，種皮も剥がされているので，納豆菌の繁殖が旺盛で発酵熱も大量に発生する。以上のことから，納豆菌は少なめに，発酵時間も短時間で作る。

[水産加工品] 魚介類
21. さんま味付缶詰

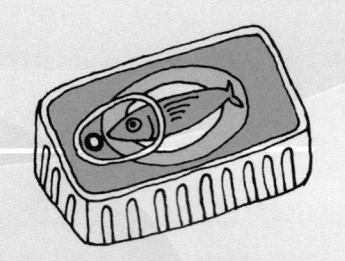

1. 歴史・加工の背景

　瓶詰は，皇帝ナポレオン（在位：1804-1814・15）によってフランス軍の携行食料として活用されたといわれている。また，缶詰は，米国の南北戦争（1861-1865）で軍用食料としての需要が増大し普及した。

　わが国では1871（明治4）年に，松田雅典がいわし油漬缶詰を作ったのが始まりといわれている。1877年には，明治政府が北海道に日本初の缶詰工場（北海道開拓使石狩缶詰所）を設置し，同年10月10日にさけ缶詰の商業生産が開始された。その後は各地で工業的に生産されるようになり，昭和初期には主に海外へ輸出されていたが，昭和30年以後はさまざまな種類の缶詰が国内の消費者向けに供給されている。缶詰は世界の国々で作られており，その種類はおよそ1,200種類以上といわれている。主要な品目として，まぐろ，さけなどの水産缶詰，みかん，もも，パインアップル，混合果実などの果実缶詰，スイートコーン，トマト，マッシュルーム，アスパラガスなどの野菜類缶詰などがあげられる。日本は世界でも有数の缶詰生産国であり，かつ消費国でもある。

2. 製造原理

　缶詰は，原料を容器詰めして，脱気，密封（巻き締め），殺菌，冷却し，食品の保存性を高める貯蔵法を用いた加工品である。保存性は，加熱殺菌によって容器内の細菌を死滅させることで確保されている。

　魚の味付缶詰は，調味液で魚を煮たもので，開缶しそのまま食べられる加工食品である。魚を缶に詰め，蒸煮することによってたん白質が凝固し，脱水をともなって肉質が硬くなる。また，組織中に含まれている空気も除去されるなどの利点もある。**脱気**の目的には，殺菌加熱中の缶内の空気の膨張により起こる缶のゆがみや破損を防いだり，内容物の酸化による変質や缶材の酸化腐食防止，好気性微生物の繁殖防止などがあげられる。**殺菌**は，内容物に付着する微生物の種類により加熱殺菌温度が異なる。一般には70〜80℃の短時間で細菌は死滅するが，芽胞を形成する微生物（ボツリヌス菌）などを含む缶詰の製造には120〜130℃，30〜60分の過酷な条件での殺菌が必要となる。内容物が酸性の場合は一般に殺菌は容易である。

3. 規格・基準

水産物缶詰・瓶詰ならびにさんま缶詰・瓶詰の定義ならびに規格を示す。

さんま缶詰またはさんま瓶詰のJAS規格（抜粋）

用　語	定　　義
水産物缶詰又は 水産物瓶詰	水産物又はその加工品（調味し，又は調製したものを含む。）に調味液を加え又は加えないで，缶又は瓶に密封し，加熱殺菌したものをいう。
さんま缶詰又は さんま瓶詰	水産物缶詰又は水産物瓶詰のうち，さんまを詰めたものをいう。

区　分		基　　準
香　味		香味が良好であり，かつ，異味異臭がないこと。
肉　質		適当な脂肪があり，かつ，肉締り及び硬軟が適当であること。
形　態		肉片のそろいが適当であること。
色　沢		色沢が良好であること。
液　汁		1　水及び食用植物油脂を使用した調味液とともに詰めたものにあっては，液がおおむね清澄であること。 2　その他のものにあっては，液量がおおむね適当であること。
その他の事項		1　頭部及び内臓の除去が良好であること。 2　尾部を除去していないものにあっては，尾部の整形が良好であること。 3　きょう雑物がほとんどないこと。 4　肉詰めが良好であること。
原材料	食品添加物以外の原材料	調味液以外の原材料については，さんま以外のものを使用していないこと。
容器の状態		1　缶詰のものにあっては，密封が完全で，適当な真空度を保持しており，かつ，外観及び缶の内面の状態が良好であること。また，トマトピューレー又はトマトペーストを使用した調味液とともに詰めた缶詰にあっては，内面塗装缶であること。 2　瓶詰のものにあっては，密封が完全で，適当な真空度を保持しており，かつ，瓶及び蓋の品質及び型体並びにパッキングの材質が良好であること。

4. 材料・用具

1）原材料（6人分：1人当たり6号缶1個）

主材料：さんま 中12尾　　調味液：濃口しょうゆ150g，砂糖150g，水130g

処理液：20％食塩水2kg（下処理用）

2）用　具

オートクレーブ（圧力釜），巻き締め機，蒸し器，ボール，ざる，包丁，まな板，玉じゃくし，ふきん，6号缶，重量計，真空度計（缶検器）

[水産加工品] 魚介類

5. 製造工程

さんま

→ 頭・尾部・内臓除去
- 包丁を直角にあてて頭部を切断，開腹し内臓をきれいに取り除き，尾部を切除する。

→ 切断
- 右図のように56mmずつ頭部の方より正確に切り分ける。

→ 食塩水浸漬（20分）
- 20％食塩水に20分間浸漬して血抜きをする。氷片を適宜入れて水温を低く保つ。

→ 水切り
- 流水で魚肉片を洗い，ふきんで水気をとる。

→ 容器詰め
- 容器詰めは右図のように腹部を中心に向け菊花のように（固形量は以後の工程での減量を考慮し20％増≒200g）詰める。

→ 蒸煮・脱汁（100℃，30分）
- 缶にふたをせず蒸し器に入れ，100℃，30分間加熱した後，右図のように脱汁する。
- 脱汁が済んだら熱いうちに調味液を注入する。

調味液 →

- 6号缶に計量（固形量165g以上，内容総量210g以上）して入れる。

→ 脱気（沸騰水，20分）
- 缶にふたをのせ，蒸し器で沸騰水，20分間熱し脱気する。

→ 巻き締め
- 一缶ずつ巻き締め機で二重巻き締めする。巻き締めが済んだら缶を洗浄する。

→ 殺菌（120℃，60分）
- 魚の缶詰の殺菌は120℃，1時間のオートクレーブ殺菌する。

→ 冷却
- 殺菌後，直ちに氷水中で冷却する。

- 冷却後は缶のさびを防ぐため，表面に付着した水気をふき取っておく。

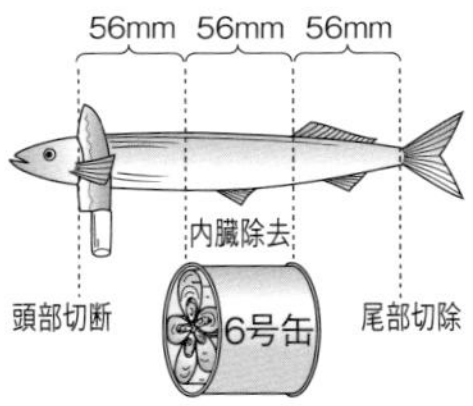

→ 製品

【メ　モ】

筒切り

菊花詰

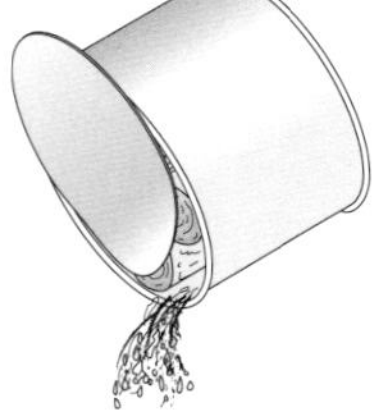

脱汁

21. さんま味付缶詰

測定法 真空度の測定

　缶詰類は，**加熱脱気法**または**真空巻き締め法**により缶内分圧は大気圧に比べ低下している。このことにより，内容物や缶内面の酸化が抑制される。この大気圧との差を**真空度計（缶検器）**により測定する。

　真空度計のメーター部分を持ち，進入針を容器（缶・瓶）の金属ふたに対して一気に垂直に突き刺し，ゴム部分を押し付ける。このときに針が振れて示される目盛りをすばやく読み取る。力を緩めると針が元に戻るので，測定が終わるまでは，力を抜かずに押し続ける。

真空度計

●コラム　缶マーク

　缶詰は表示をよく読んでから選ぶとよい。また，外観がきれいでさびたりしていないもの，品名，原材料名，内容量，賞味期限，製造業者または販売業者の名称と所在地などがはっきりと表示されているものを選ぶ。**JASマーク**（日本農林規格合格品）の付いているものを選ぶのもよい。缶のふたには品名，賞味期限および工場名を表す記号が示されており，これを**缶マーク**という。上段に記載されているのが品名記号で，はじめの2文字が原料の種類，3文字目が調理法，4文字目が形状・大小を表している。中段の数字が賞味期限で，年月までの表示が義務付けられている。下段には製造工場の記号が示されている。

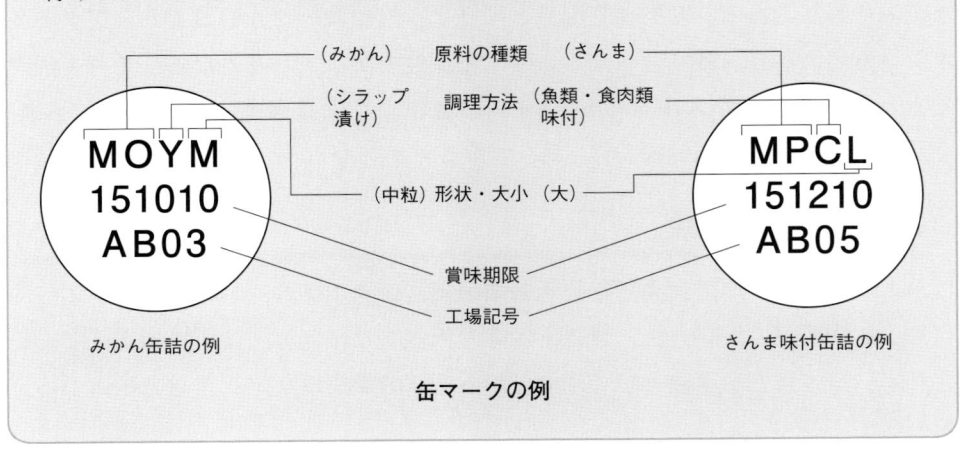

```
MOYM            MPCL
151010          151210
AB03            AB05
```

みかん缶詰の例　　　　　　　さんま味付缶詰の例

（みかん）原料の種類（さんま）
（シラップ漬け）調理方法（魚類・食肉類味付）
（中粒）形状・大小（大）
賞味期限
工場記号

缶マークの例

[水産加工品] 魚介類
22. かまぼこ・さつま揚げ

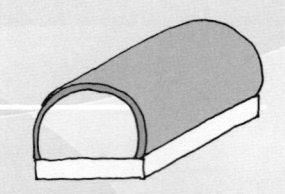

1. 歴史・加工の背景

　かまぼこは，神功皇后（170-269）が百済への援軍を率いた際に，兵の士気を高めるため蒲の穂先に魚のすり身を鉾に見立てて付けて焼き，食したのが始まりという逸話もある。しかし，文献に登場するのは，平安時代の『類聚雑要抄』が最初とされ，1115年に藤原忠実が東三条殿へ移居した祝宴のご馳走の挿絵として記載されている。当初は魚（なまず，鯉）のすり身を竹の棒に巻きつけて炭火であぶり焼きしたもので，現在のちくわに類するものであったと考えられる。今日のような板付きかまぼこが生まれたのは，室町時代末期とされる。

　さつま揚げは揚げかまぼこの一種で，江戸時代，第11代薩摩藩主の島津斉彬（1809-1858）が，琉球（沖縄）から伝承した中国料理の「揚げる」という技法を，かまぼこの製法に加えてできたといわれる。沖縄の「チキアーギ」がなまって鹿児島では「つけあげ」ともよばれ，主に東日本では「さつま揚げ」，西日本では「てんぷら」とよばれる。

2. 製造原理

　かまぼこは，いさき，いとよりだい，えそ，ぐちなどの新鮮な白身の魚肉を原材料とし，白身の部分を水で晒して血液や脂肪を取り除いた後，食塩，砂糖，みりん，卵白，調味料などを加えて練り合わせ，手付包丁で板の上に成形したもの，あるいは板付けせずにそのまま成形し，蒸煮または蒸煮したものを焙焼した水産練り製品である。畜肉練り製品と同様に，筋原線維たん白質である**アクトミオシン**を塩漬けし，練り合わせることで粘稠性のあるすり身となる。これを加熱すると**ミオシン**が**ジスルフィド（S-S）結合**により**網目構造（ネットワーク構造）**を形成し，保水力の高い弾力性（**足**）のあるゲルとなる。

3. 規格・基準

　かまぼこ類は，加工食品品質表示基準の規定が適用され，名称，原材料名，内容量，賞味期限，保存方法，製造業者等の氏名または名称・住所に加え「でん粉含有率」を義務表示事項として定めている。JAS規格はない。製造方法による分類を示す。

かまぼこ類の分類

大分類	中分類	主な製品例　（　）内は備考
蒸しかまぼこ類	蒸しかまぼこ	しんじょう
	板付きかまぼこ	小田原かまぼこ
	蒸焼きかまぼこ	焼板かまぼこ
	蒸しちくわ	蒸しちくわ
	リテーナ成形かまぼこ	リテーナ成形かまぼこ（フィルムで包装した後型枠に入れて加熱）
焼抜きかまぼこ類	焼抜きかまぼこ	笹かまぼこ
	板付焼抜きかまぼこ	白焼きかまぼこ
	卵黄焼きかまぼこ	伊達巻
	焼きちくわ	焼きちくわ
ゆでかまぼこ類	ゆでかまぼこ	なると，つみれ
	はんぺん	はんぺん
	ケーシング詰かまぼこ	ケーシング詰かまぼこ（ケーシングに充てんし密封した後加熱）
揚げかまぼこ類	揚げかまぼこ	さつま揚げ

4. 材料・用具

● かまぼこ

1）**原材料**（6人分：1人当たり約120g）

　主材料：冷凍すり身（無塩）600g

　副材料：上白糖30〜48g，卵白30g，みりん24g，食塩12〜18g，氷（クラッシュ）60〜90g

2）**用　具**

　フードプロセッサー，蒸し器，ボール，包丁，まな板，すり鉢，すり棒，かまぼこ板，ふきん，ラップフィルム，クッキングペーパー，重量計，温度計

● さつま揚げ

1）**原材料**（6人分：1人当たり約120g）

　主材料：魚肉（1枚30g）600g

　副材料：長ねぎ（みじん切り）60g，にんじん（千切り，長さ2cm）36g，卵白30g，食塩9g，みりん6g，日本酒6g，上白糖4.8g，しょうゆ3g，グルタミン酸ナトリウム3g，グルコース3g，氷（クラッシュ）60g，サラダ油

2）**用　具**

　フードプロセッサー，中華鍋または天ぷら鍋，ボール，バット，包丁，まな板，すり鉢，すり棒，ふきん，菜箸，クッキングペーパー，油切，重量計，温度計

[水産加工品] 魚介類

5. 製造工程

●かまぼこ

【メ　モ】

冷凍すり身の解凍 ← 氷	・フードプロセッサーに解凍したすり身を入れる。
擂潰(空ずり)(60秒)	・氷を加え60秒間すりつぶす。
← 食塩・調味料	・食塩, 調味料（上白糖, 卵白, みりん）を加えて, 擂潰して粘稠性を出す。
擂潰(本ずり)(約20分)	・すり鉢に移し, のり状に仕上げる（約20分）。
すり身	
板付け・成形	・板付けの場合は, 手付包丁ですり身を取り, 板に丸く盛り付け, 表面と先端を水で濡らした包丁で成形する。 ・巻きすや笹葉で成形する場合はへらや手で押さえ空気が入らないようにする。
坐り(約10分)	・10分ほど常温に置き, 坐り現象を起こさせる。
蒸煮(90℃, 25〜30分)	・ラップで巻き, 針で数か所穴を空け, 蒸気の上がった蒸し器に入れ, 90℃で25〜30分間蒸煮してゲル化させる（中心温度が75℃を目安とする）。
冷却	・冷水中で冷却して製品とする。
製品	

すり身

かまぼこの成形

●さつま揚げ

魚肉 ← 氷	・あらかじめよく洗い, 皮や小骨などを除いた魚肉をフードプロセッサーに入れる。
擂潰(空ずり)(60秒)	・氷を加え60秒間すりつぶす。

22. かまぼこ・さつま揚げ

```
食塩・調味料 → ・食塩，調味料を加えて，本ずりをして，粘
                稠性のあるすり身にする。

擂潰（本ずり）  ・すり鉢に移し，さらに擂潰する（魚肉の温
（約20分）      度が10℃以上に上昇しないように注意しなが
                ら，20分程度）。

すり身

野菜     →   ・あらかじめ切っておいた野菜を添加して均
                一に混ぜる。

混　合

成　形       ・等量に分割して小判型に成形し，手を濡ら
                して形を整える。

揚　げ       ・2度揚げをする。1度目は100～120℃で色
（1度目100～120℃， を付けずに膨らんでくるまで，2度目は
2度目180℃）    180℃できつね色になるまで揚げる。

冷　却       ・冷却して製品とする。

製　品
```

6. 要　点

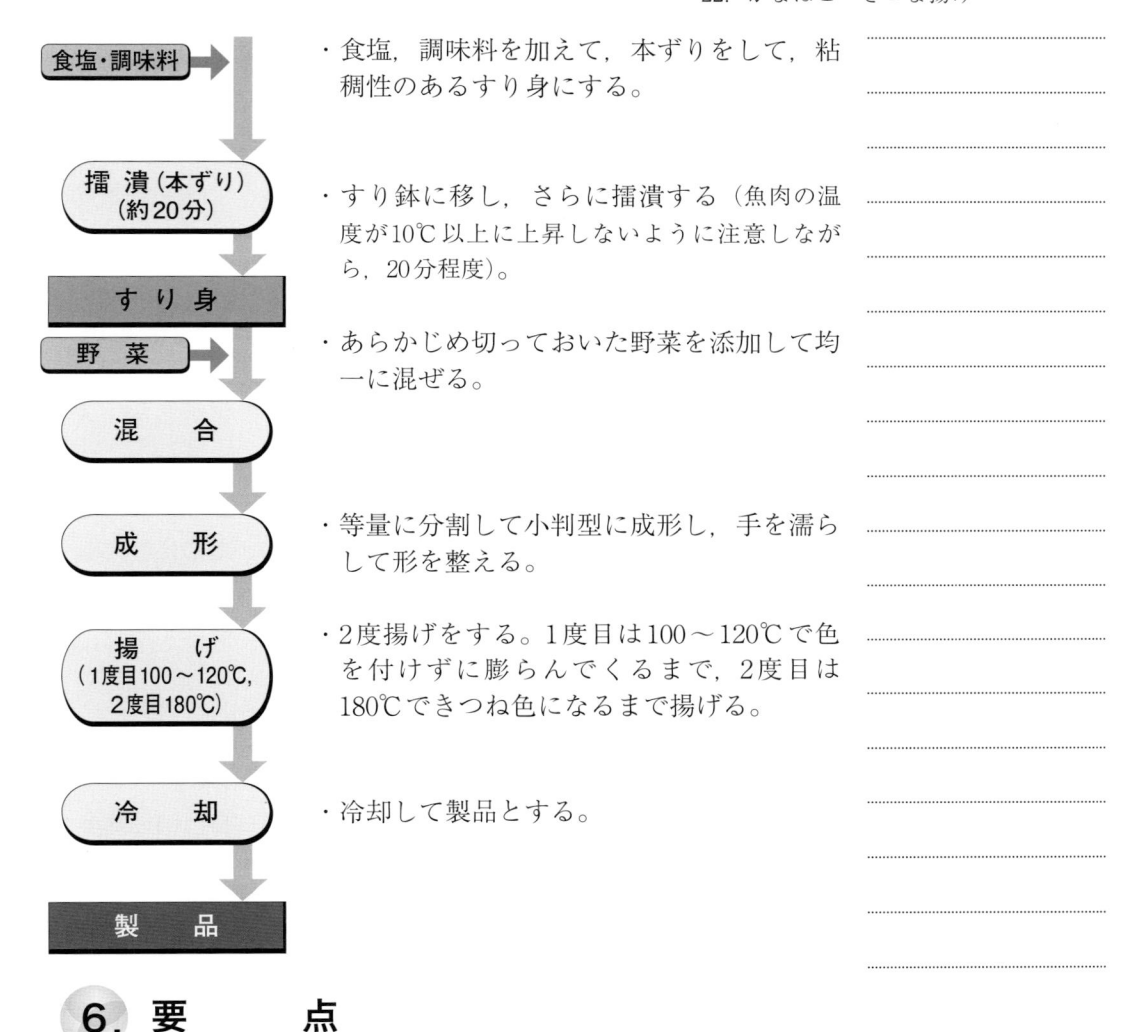

▶冷凍すり身

　原料に使う冷凍すり身には，無塩（砂糖，ソルビトール，重合リン酸添加）と加塩（食塩，糖類）のすり身があるため，確認し，食塩，糖類の添加量を調製する。また，冷凍によりうま味が低下するのでうま味調味料でうま味を補う。

▶坐　り

　食塩を添加して擂潰後のすり身を放置すると「坐り」と称する粘稠性の低下とゲル化が起きる。かまぼこの成形を妨げるが，成形後の坐りは弾力性の補強になる。

▶戻　り

　すり身を常温で長時間放置したり，蒸煮を60℃以下で行うと「戻り」という現象でゲルが崩壊する。

[水産加工品] 魚介類
23. いか塩辛

1. 歴史・加工の背景

　塩辛は鮮度のよい魚介類を塩蔵して作る保存食で，原料となる魚介類が大量にとれる地域で古くから作られてきた。いか塩辛が最もよく知られているが，そのほか，かつお内臓の塩辛（酒盗），あゆ卵・精巣（しゅとう）・内臓の塩辛（うるか），なまこ内臓の塩辛（このわた），さけ内臓の塩辛（めふん）など多くの種類があり，平安時代にはすでに各地で作られていた。現在，いか塩辛は北海道が主産地で，ほたるいかの塩辛は富山で作られている。

　塩辛は消化がよく，栄養価の高い食品であり，塩分濃度が高いため保存に適しているが，近年，健康面から減塩化される傾向にあり，低温保存が必要な製品が多い。塩辛は珍味として扱われ，名産品も多いが，いか塩辛は家庭でも手軽に作ることができる。

2. 製造原理

　塩辛は魚介類の肉，内臓，卵巣などを塩漬けすることにより，自己消化酵素や微生物の酵素の作用でたん白質が分解して，アミノ酸やペプチドなどの可溶性成分が生成され，独特な**うま味**と原料特有のうま味が調和した優れた食品である。

　いか塩辛は主としてするめいかを原料とし，肉を細切りにし，内臓を混ぜて，塩蔵，熟成させる。製品の色から，赤づくり，白づくり，黒づくりの3つに大別される。**赤づくり**はいかの切り身を剥皮せずそのまま用いたもので，最も一般的で生産量も多い。**白づくり**は皮を剥いだいかの胴肉を用いたものである。**黒づくり**は富山の特産でいかの墨を加えて作られる。塩分濃度は10～20％と嗜好により異なる。細切肉は仕込み後，時間とともに生臭みがなくなり，肉質も柔らかくなり，うま味や香りが増強され，風味やテクスチャーがよくなる。これを一般に**熟成**という。塩分濃度10％程度の塩辛は冷蔵庫で10～15日後，気温25℃では5日後くらいが食べ頃である。熟成中は遊離アミノ酸が生成・増加し，熟成後には**グルタミン酸**が仕込み直後の10倍以上となる。また，肝機能を高め，血糖値調節機能やコレステロール低下効果のある**タウリン**も多く含まれる。いかの身や肝臓の酵素が働き，独特なうま味が生成されるほか，微生物の働きにより，塩辛特有の香気成分が生成される。

3. 規格・基準

　いか塩辛製品には，加工食品品質表示基準に準じた表示が義務づけられているが，規格化されていない。

　ここでは，いか塩辛の食品成分を示す。無機質が豊富で，ナトリウムのほかに，鉄，銅が多く，また，レチノール，ビタミンB_{12}が多いのが特徴である。

いか塩辛の成分表（100 g当たり）

エネルギー		114 kcal	ビタミン	A	レチノール	200 µg
		480 kJ		E	トコフェロール α	3.3 mg
水　分		67.3 g			β	0.0 mg
たん白質		15.2 g			γ	0.1 mg
脂　質[1]		2.7 g			δ	0.0 mg
炭水化物[2]		7.2 g			B_2	0.10 mg
灰　分		7.6 g			ナイアシン	3.3 mg
無機質	ナトリウム	2,700 mg			B_6	0.31 mg
	カリウム	170 mg			B_{12}	17.0 µg
	カルシウム	16 mg			葉　酸	13 µg
	マグネシウム	48 mg			パントテン酸	0.61 mg
	リ　ン	210 mg	脂肪酸		飽　和	0.74 g
	鉄	1.1 mg			一価不飽和	0.57 g
	亜　鉛	1.7 mg			多価不飽和	1.24 g
	銅	1.91 mg	コレステロール			230 mg
	マンガン	0.03 mg	食塩相当量			6.9 g

注：1）脂肪酸のトリアシルグリセロール当量の値を記載
　　2）差引き法による利用可能炭水化物の値を記載
〔文部科学省科学技術・学術審議会資源調査分科会報告：日本食品標準成分表2020年版（八訂）．〕

4. 材料・用具

1）原材料（6人分：1人当たり約200 g）

　するめいかまたはやりいか（約300 g）6はい，食塩（調製原料の10％）180 g

2）用　具

　ボール，泡立て器，包丁，まな板，広口瓶，重量計

[水産加工品] 魚介類

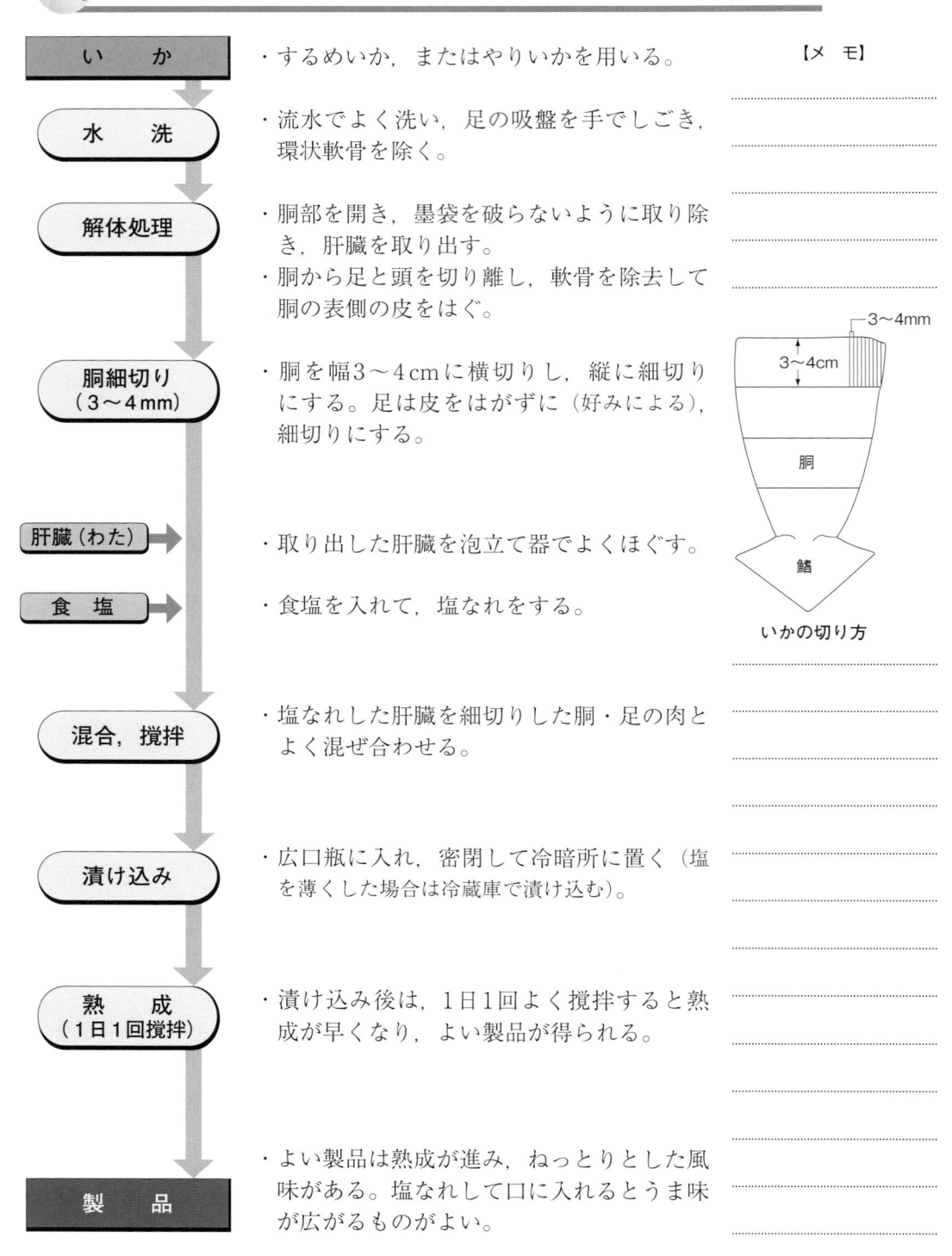

5. 製造工程

```
[いか]
  ↓
[水洗]
  ↓
[解体処理]
  ↓
[胴細切り（3〜4mm）]
  ↓
[肝臓（わた）]→
[食塩]→
  ↓
[混合，撹拌]
  ↓
[漬け込み]
  ↓
[熟成（1日1回撹拌）]
  ↓
[製品]
```

- するめいか，またはやりいかを用いる。

- 流水でよく洗い，足の吸盤を手でしごき，環状軟骨を除く。

- 胴部を開き，墨袋を破らないように取り除き，肝臓を取り出す。
- 胴から足と頭を切り離し，軟骨を除去して胴の表側の皮をはぐ。

- 胴を幅3〜4cmに横切りし，縦に細切りにする。足は皮をはがずに（好みによる），細切りにする。

- 取り出した肝臓を泡立て器でよくほぐす。

- 食塩を入れて，塩なれをする。

- 塩なれした肝臓を細切りした胴・足の肉とよく混ぜ合わせる。

- 広口瓶に入れ，密閉して冷暗所に置く（塩を薄くした場合は冷蔵庫で漬け込む）。

- 漬け込み後は，1日1回よく撹拌すると熟成が早くなり，よい製品が得られる。

- よい製品は熟成が進み，ねっとりとした風味がある。塩なれして口に入れるとうま味が広がるものがよい。

【メ モ】

いかの切り方

6. 要　　点

▶材料となるいか
　材料にするいかは，生鮮または冷凍のするめいか，やりいかなどを用いる。あまり大きなものを選ぶと，肉が厚く硬くて，熟成に日数がかかるので300g前後のものがよい。

▶内臓・不要部位の処理
　製造時に注意することは，内臓袋，墨袋を破らないように，頭脚部分と胴肉をきれいに分離することである。内臓，くちばし，軟甲などは除去し，ていねいに水洗いする。内臓を入れる場合は肝臓の部分を使用する。

　また，胴の細切りをみりんで軽く洗ったり，レモン汁，ゆず汁などを加えると，さっぱりとした臭みの少ない食べやすい味になる。

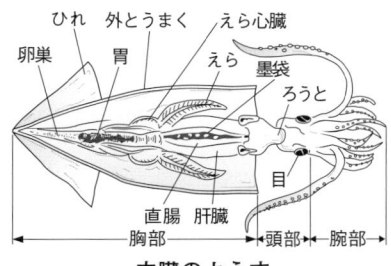

▶食塩の量
　いか塩辛の食塩量は，胴・足の肉・肝臓に対して10〜20％であるが，市販ではそれよりも低塩の製品も多い。実際に作る場合の目安は，冬は10％，春・秋は12〜15％，夏は18〜20％である。

測定法　塩度の測定

　食品中の塩分濃度を測定するのには**塩分濃度計**を用いる。デジタル表示タイプで，塩分濃度と温度を同時に測定できるものが一般的である。食塩が水溶液中ではナトリウムイオンと塩素イオンに解離し，ナトリウムイオンの量が電気伝導率と比例関係にあることから，その性質を利用して電気的に塩分濃度を測定している。海水などの塩分濃度を示す単位には，1kg中に塩分が何g溶けているかを示す千分率（パーミル：‰）が用いられているが，食品の塩分濃度は一般に使われる百分率（％）で表示される。

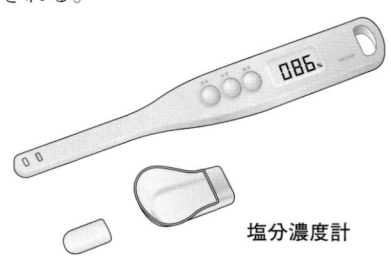

塩分濃度計

[畜産加工品] 肉 類
24. ソーセージ

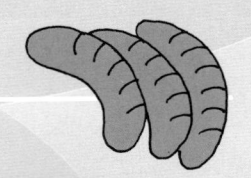

1. 歴史・加工の背景

　ソーセージは，今からおよそ3000～3500年前にエジプト，中近東のバビロニア地方で食べられていたという説がある。ソーセージが登場する最古の文献は，古代ギリシア時代のホメロスの『オデュッセイア』で，山羊の胃袋に脂身肉と血液を詰めた焼き物が登場する。ソーセージの語源は"塩漬けして保蔵した肉"という意味のラテン語の「salsus」に由来するともいわれている。現在のような製造方法が確立するのは11～12世紀の中世ヨーロッパとされ，本場ドイツでは，作る際に腸詰してひねったり裏返したりする作業を意味する「ヴルスト（wurst）」とよばれている。豚は多産系の家畜で1度に10頭ほど出産するため，冬場に餌が不足する前に，ハムやベーコンなどに加工すると同時に，くず肉となる部分を集め腸詰めにしたソーセージを作り保存食にしたものと考えられる。ソーセージは太さ，形，香辛料など配合が自由であり，また，内臓，血液，野菜を加えるものもある。その種類は多種にわたっており，代表的なソーセージの名称は発祥地に由来することが多い。

2. 製造原理

　畜肉を発色剤（硝素：硝酸カリウム，亜硝酸ナトリウム等の混和剤）とともに塩漬すると筋肉の主要たん白質で塩可溶性の**アクトミオシン**が抽出され，肉の粘性および結着性が増加する。塩漬した肉をひき肉にしたのち，氷，脂肪，香辛料および調味料などとともに細かくカッティングし練り合わせると，可溶化したアクトミオシンによって結着力と保水性の高い粘性のある練肉となる。これをケーシングに充てんして，乾燥，くん煙，湯煮（ボイル），冷却して製品とする。加熱によってアクトミオシンは**ゲルネットワーク構造**を形成してネットワーク内に水分，脂肪等を包み込み，弾力のあるソーセージ特有の物性を作り出す。一方，発色剤に含まれる硝酸塩・亜硝酸塩から生成する一酸化窒素（NO）は筋肉の色素たん白質である**ミオグロビン**と結合して赤色の**ニトロソミオグロビン**となる。ニトロソミオグロビンは加熱により安定した**ニトロソミオクロモーゲン**という桃赤色の色素に変化する。また，硝素の添加により有害なボツリヌス菌の増殖が抑制されるとともに，**クッキングフレーバー**とよばれる特有の芳香が生じる。

3. 規格・基準

　ヨーロッパでは家畜，家きん等の肉が使用されるが，JAS規格では15％未満の魚肉を添加したものも認められており，それ以上の**混合ソーセージ**（15％以上50％未満），**魚肉ソーセージ**（50％以上）と区別している。JAS法の品質表示基準では，**クックドソーセージ，セミドライソーセージ，ドライソーセージ，加圧加熱ソーセージ，無塩漬ソーセージ**の5種類に分類されている。私たちがよく口にするのは，クックドソーセージであり，くん煙終了後に70～75℃の温水中で中心温度が63℃に達してから30分間加熱したもので，再加熱せずに食することもできる。**ケーシング**とは，「牛腸，豚腸，羊腸，胃又は食道」「コラーゲンフィルム又はセルローズフィルム」「気密性，耐熱性，耐水性，耐油性等の性質を有する合成フィルム」を使用した皮または包装であると定義されている。

ソーセージ缶詰またはソーセージ瓶詰のJAS規格（抜粋）

区分	基準
香味	香味が良好であり，かつ，異味異臭がないこと。
肉質等	肉質及び結着が良好であること。
色沢	色沢が良好であること。
食品添加物以外の原材料	次に掲げるもの以外のものを使用していないこと。 1　食肉　　豚肉，牛肉，馬肉及び鶏肉（セミドライソーセージにあつては豚肉，牛肉及び馬肉に限る。） 2　豚の脂肪層 3　結着材料　　でん粉及び植物性たん白 4　調味料 5　香辛料

4. 材料・用具

1）**原材料**〔6人分：1人当たり100 g（1本25 g×4本程度）〕

　主材料：豚赤肉ブロック（肩ロース，もも肉）500 g，豚背脂肪100 g

　副材料：食塩（赤肉に対して12.5 g，背脂肪に対して2.5 g），こしょう1.3 g，硝素0.5 g，ナツメグ0.5 g，シナモン0.13 g，砕いた氷100 g，ケーシング（羊腸またはコラーゲンフィルム）

2）**用具**

　くん煙器，フードプロセッサー（サイレントカッター），ひき肉器，スタファー（ケーシング器），鍋，包丁，たこ糸，重量計

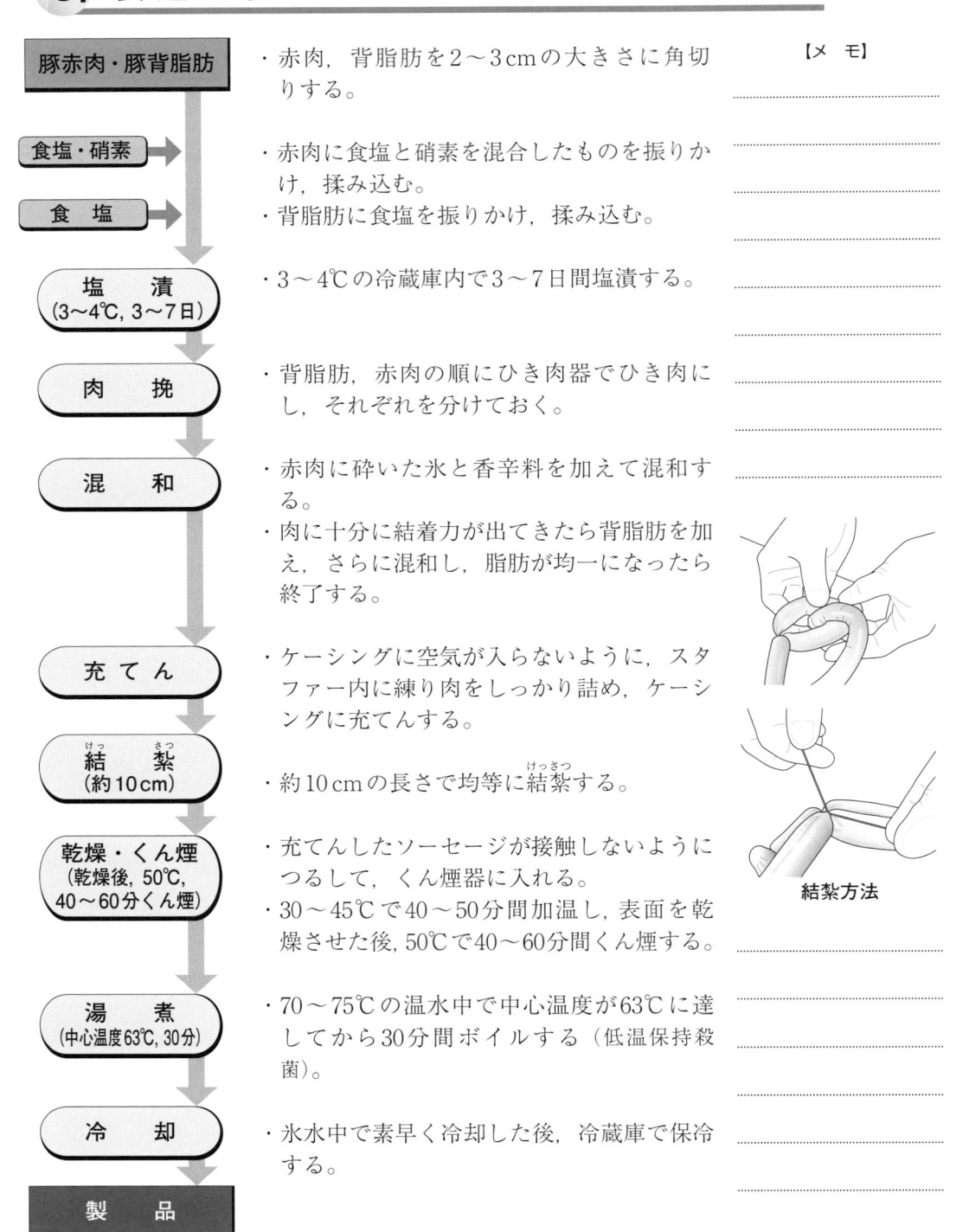

[畜産加工品] 肉　類

5. 製造工程

豚赤肉・豚背脂肪	・赤肉，背脂肪を2～3cmの大きさに角切りする。
食塩・硝素 →	・赤肉に食塩と硝素を混合したものを振りかけ，揉み込む。
食塩 →	・背脂肪に食塩を振りかけ，揉み込む。
塩漬（3～4℃, 3～7日）	・3～4℃の冷蔵庫内で3～7日間塩漬する。
肉挽	・背脂肪，赤肉の順にひき肉器でひき肉にし，それぞれを分けておく。
混和	・赤肉に砕いた氷と香辛料を加えて混和する。 ・肉に十分に結着力が出てきたら背脂肪を加え，さらに混和し，脂肪が均一になったら終了する。
充てん	・ケーシングに空気が入らないように，スタファー内に練り肉をしっかり詰め，ケーシングに充てんする。
結紮（約10cm）	・約10cmの長さで均等に結紮する。
乾燥・くん煙（乾燥後, 50℃, 40～60分くん煙）	・充てんしたソーセージが接触しないようにつるして，くん煙器に入れる。 ・30～45℃で40～50分間加温し，表面を乾燥させた後，50℃で40～60分間くん煙する。
湯煮（中心温度63℃, 30分）	・70～75℃の温水中で中心温度が63℃に達してから30分間ボイルする（低温保持殺菌）。
冷却	・氷水中で素早く冷却した後，冷蔵庫で保冷する。
製品	

【メ　モ】

結紮方法

6. 要　　点

▶塩　漬
　塩漬した後に低温で貯蔵する際は，ビニール袋に入れ，できるだけ空気を抜き，しっかりと押し固める。これが不十分だと色素たん白質ミオグロビンが酸化されてメトミオグロビンになる**メト化**が起き，肉の表面だけでなく内部までが褐色に変化する。

▶混和（カッティング）
　サイレントカッターで混和する際は，肉重量に対して20～25％の砕いた氷を加える。肉だけでは粘性が増加しすぎて刃の回転が困難になるので，氷の添加で肉の硬さを緩めること，刃の摩擦熱によるたん白質変性により結着力が低下することを抑制するためである。また，適量の水分が加わることで組織がしっとりとして，なめらかな食感や風味のよいソーセージとなる。

▶各種ソーセージの種類・名称と定義
　品質表示基準に基づくソーセージの分類と定義を示す。

ソーセージの種類・名称と定義

種類・名称			定　　義
ソーセージ	クックドソーセージ	ボロニアソーセージ	牛腸または人工ケーシング（φ36mm以上）
		フランクフルトソーセージ	豚腸または人工ケーシング（φ20以上36mm未満）
		ウインナーソーセージ	羊腸または人工ケーシング（φ20mm未満）
		リオナソーセージ	グリンピース，パプリカなどを加える
		レバーソーセージ	肝臓が加わる（50％未満）
		レバーペースト	肝臓が加わる（50％以上）
	加圧加熱ソーセージ		120℃，4分間以上殺菌
	セミドライソーセージ		加熱または加熱しないで乾燥，水分55％以下
	ドライソーセージ		加熱しないで乾燥，水分35％以下
	無塩漬ソーセージ		発色剤を添加していないソーセージ
混合ソーセージ	混合ソーセージ		畜肉，臓器が50％以上
	加圧加熱混合ソーセージ		上記の材料を120℃，4分間以上殺菌

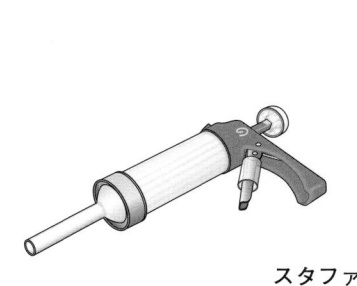

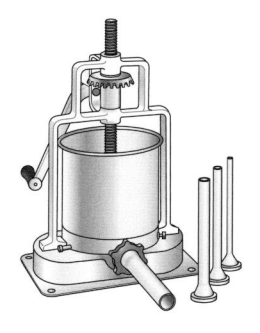

スタファー

[畜産加工品] 肉　類
25. ロースハム

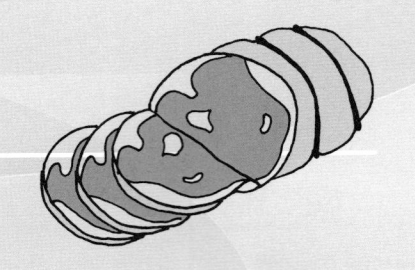

1. 歴史・加工の背景

　ハムとは，本来は"豚もも肉を大きな塊のまま塩漬した"という意味で，欧米でハムといえば，通常は骨付きハムやボンレスハムを意味している。日本では，1872（明治5）年，長崎にハム工場を建設した記録が残されている。1877年，イギリス人ウィリアム・カーティスが神奈川県鎌倉郡（現在の横浜市）でハムの製造を開始した。1921（大正10）年にドイツ人アウグスト・ローマイヤが日本で初めて豚ロース肉（背肉の部分）を塩漬・くん煙・ボイルしてロースハムを製造するまでは，ハムといえば日本でも骨付きハムやボンレスハムを意味していた。なお，日本では一般的な「ロースハム」という呼び名は日本独特の製品名である。

2. 製造原理

　食肉は家きん・家畜の骨格筋であり，肉漿たん白質の線維状のたん白質が主体となる。これらの保存性を高める重要な工程として，塩漬，くん煙，湯煮がある。
　塩漬は，原料肉に食塩，硝酸塩，亜硝酸塩，香辛料，砂糖および調味料などを加えて処理する操作をいう。貯蔵性を高めるとともに風味，色沢，保水性，組織などが改善される。食肉の色成分である**ミオグロビン**は，酸化すると褐色になるため，淡紅色の安定な状態にするための肉色の固定操作を行う。塩漬けするとき，食塩のほかに**発色剤**（硝酸塩・亜硝酸塩）を使用し，生成される一酸化窒素（NO）によりミオグロビン（紫紅色）をニトロソミオグロビン（鮮紅色）に変化させ，加熱することで**ニトロソミオクロモーゲン**（安定な淡紅色）の状態にする。発色剤には，食肉の食中毒原因菌であるボツリヌス菌増殖抑制効果もある。さらに，**くん煙**することで製品の色沢を良くし風味を付けるとともに，防腐性が向上する。くん煙材料は樫・楢・桜など樹脂の少ない硬木の心材，チップ，おがくずを用いる。燻すことで殺菌効果を示すフェノール類，ホルムアルデヒド，酢酸などの成分が発生し，表面の微生物増殖防止，脂肪の酸化防止，自己消化の促進，肉の軟化などの効果を示す。ハムのくん煙後の**湯煮**は，①肉の内部に残存する細菌類の殺菌，②適度の硬さや弾力性付与，③くん煙臭をやわらげる，④色素を安定化させるために行う。湯煮は温度管理が重要であり，肉の中心部において63℃，30分間以上保持する低温殺菌を行う。

3. 規格・基準

ロースハムのJAS規格を示す。食品添加物の発色剤は「亜硝酸ナトリウム，硝酸カリウム及び硝酸ナトリウムのうち2種以下」と定められている。

ハム類のJAS規格（抜粋）

用　語	定　　義
ロースハム	1　豚のロース肉を整形し，塩漬し，ケーシング等で包装した後，くん煙し，及び湯煮し，若しくは蒸煮したもの又はくん煙しないで，湯煮し，若しくは蒸煮したもの 2　1をブロック，スライス又はその他の形状に切断したもの

区　分		基　　準（特　級）
品　位		1　形態が優良で，損傷及び汚れがないこと。 2　色沢が優良であること。 3　香味が優良であり，かつ，異味異臭がないこと。 4　肉質及び結着が優良で液汁の分離がないこと。
赤肉中の粗たん白質		18.0％以上であること。
原材料	原料肉	次に掲げるもの以外のものを使用していないこと。 1　ボンレスハムにあつては豚のもも肉 2　ロースハムにあつては豚のロース肉 3　ショルダーハムにあつては豚の肩肉
	原料肉以外の原材料	次に掲げるもの以外のものを使用していないこと 1　調味料　食塩，砂糖類その他調味料として使用するもの 2　香辛料

なお，上記のほか，熟成ハム類の生産方法についての基準を定めた特定JAS規格がある。熟成ハム類の大きな特徴は，① 熟成日数が決められていること，ハム類の場合は7日，② 使用できる原材料が，上記JAS規格の特級と同じレベルに限られていること，である。

4. 材料・用具

1）**原材料**（6人分：約1.3 kg，1人当たり約200 g）

　主材料：豚ロース肉 1.5 kg

　塩漬液（成型後の肉 1 kg に対し）：水 500 g，食塩 60 g，砂糖 25 g，香辛料＊

　　　＊好みにより加えてもよい：ローリエ 2枚，ローズマリーやセージ 各小さじ1/2　など

　副材料：発色剤（硝酸カリウム 3 g，亜硝酸ナトリウム 0.2 g）

2）**用具**

　くん煙器，スモーカー用フック，スモークウッド・チップス（桜，ヒッコリーなど），ボール，チャック付き保存袋（容量3 kg），包丁，まな板，さらし布，薬包紙，たこ糸（太さ2 mm以上あるいは15号以上），重量計，温度計

[畜産加工品] 肉　類

5. 製造工程

```
豚ロース肉
   ↓
  整形
   ↓
塩漬液 →
   ↓
冷蔵(1～5℃)・
塩漬(4～5日)
   ↓
水漬(水洗)
(1～2時間)
   ↓
  成型
   ↓
くん煙器につるす
   ↓
乾燥(30～40℃, 約
2時間)・くん煙(50
～60℃, 約2時間)
   ↓
 湯　煮
(中心温度63℃, 30分)
   ↓
  冷　却
   ↓
  製　品
```

- 新鮮な豚肉を入手し、脂身を好みの量に削り、整形する。

- 調製した塩漬液を肉塊と一緒にチャック付き保存袋に入れ、液が十分に肉にいきわたるようにし、1～5℃で浸漬する。
- 肉1kg当たり4～5日を標準とする。

- 肉塊をボールに入れ流水中で1～2時間水洗いし、表面と中心部の塩分を均一にする。

- 肉の身割れや脂肪の分離を防ぐため、脂肪部分を外側にし、さらし布で円筒状に堅く巻き込み両端をきつくしばる。
- たこ糸で太さが一様になるように堅くらせん状にしっかり巻き締める。

- くん煙器に肉同士が触れないよう隙間を空けてフックでつるす。

- 乾燥は30～40℃で約2時間行う。乾燥後、スモークウッドなどを用い50～60℃で約2時間くん煙する。

- 鍋に湯を沸かし、肉の中心部に温度計を刺し、70～75℃の湯中で、肉の中心温度が63℃に達してから30分以上湯煮を行う(計2～3時間)。

- 湯煮後直ちに流水中に投入して少なくとも30分以上放冷する。
- 中心部の温度が20℃以下になったら布を外し清潔な保存袋などに入れ、冷蔵庫で冷却する。

- 歩留りは整型後の肉重量の約85%である。

【メモ】

たこ糸による巻き締め

スモーカー用フック

6. 要　　点

▶ **塩漬液調製法**
　亜硝酸ナトリウム以外の他の塩漬剤をあらかじめ煮溶かし，温度を10℃前後にしたところで亜硝酸ナトリウム加える。製品残存亜硝酸塩量は亜硝酸根として70ppmを超えてはならない。

▶ **水漬（水洗）**
　水漬は，塩漬の終了した大きな肉片は表面や肉中に過剰の塩分があるので，肉塊を水に漬け，余分な塩分の除去を行い製品中の塩分濃度を最適にする操作である。水漬は，肉重量の10倍の水量で5～10℃（氷を投入し冷水にするとよい），肉1kg当たり約2時間漬けて塩抜きする。水温が低ければ，流水掛け流しでもよい。

▶ **湯　煮**
　湯の温度を75℃以上にして加熱を行うと肉の脂肪が溶出するため，湯温は70～75℃とし，中心部の温度が上昇するまで時間をかける。

▶ **冷　却**
　湯煮の終了した製品の中心部をできるだけ速やかに低い温度に保つようにするために行う。ロースハムは冷蔵庫内につるすなどして保管し，冷却する。

▶ **保　存**
　製品は中心部を63℃，30分間（同等）以上加熱殺菌した加熱食肉製品であるが，10℃以下で保存する。殺菌後も耐熱性の菌が残り，低温で保存しても徐々に変質するので1週間くらいで食すこと。冷凍すれば，1か月間は保存できる。

▶ **無塩漬ハム**
　無塩せきハムとは，ハム類（ボンレスハム，ロースハム，ショルダーハム，ベリーハム）のうち，使用する原料肉について発色剤を用いず**塩漬**（えんせき）したものをいう。**亜硝酸塩**などの発色剤はハム類などの色の保持のためと，ボツリヌス菌増殖抑制効果があるために使用する食品添加物であり，衛生面を注意すれば使用しなくても製造可能である。

● **コラム**　　　　　　**特定JASマークの熟成ハム**

　JAS規格の中でさらに特定JASという高品質の規格があり，特別な作り方をした食品について一定の規格を設け，消費者が購入する際の目安にしてもらうことを目的に制定された。その中で，ハム，ベーコン，ソーセージ類の規格があり，熟成ハム類の生産方法についての基準を定めた特定JAS規格の定義を下記に示す。

　【熟成の定義】熟成とは，原料肉を一定期間塩漬することにより，原料肉中の色素を固定し，特有の風味を十分醸成させることをいう。

JAS
認定機関名

[畜産加工品] 肉 類

26. 牛肉大和煮缶詰

❶❷については,「21. さんま味付缶詰」参照。

3. 規格・基準

食肉缶詰または食肉瓶詰のJAS規格（抜粋）

用　語	定　　義
畜産物缶詰又は畜産物瓶詰	食肉鳥卵又はその加工品（調味，ばい焼又は塩漬したものを含む。）に調味液を加え又は加えないで，缶又は瓶に密封し，加熱殺菌したものをいう。

区　分	基　　準
香　味	香味が良好であり，かつ，異味異臭がないこと。
肉　質	肉締り及び硬軟が良好であること。
形　態	小肉片，ほぐし肉及びひき肉を詰めたもの以外のものにあっては，肉片のそろい及び切り方が適当であること。
色　沢	色沢が良好であること。
液　汁	1　水及び食用油脂を使用した調味液とともに詰めたものにあっては，液がおおむね清澄であること。 2　その他のものにあっては，液量がおおむね適当であること。
その他の事項	1　毛その他のきょう雑物がないこと。 2　筋，血管及び膜がほとんどなく，脂肪部分の重量が固形量の20％以下であること。 3　骨付の食肉を原料としたものにあっては，骨の重量が固形量の15％（骨付の家きん肉にあっては20％）以下であること。 4　薄切りにしたものにあっては，肉の厚さが4mm以上であること。

4. 原材料・用具

1）**原材料**（6人分：1人当たり6号缶1個）

　主材料：牛肉（赤身の多いもも肉またはチャックロール）1.2kg

　調味液：スープ（ゆで汁）700g，上白糖 240g，薄口しょうゆ 100g，みりん 20g，白ワイン 20g，コーンスターチ 15g，風味調味料 10g，グルタミン酸ナトリウム 10g

2）**用具**

　オートクレーブ（圧力釜），巻き締め機，鍋，蒸し器，泡立て器，包丁，まな板，木じゃくし，玉じゃくし，ふきん，濾し袋（クッキングペーパー），菜箸，6号缶，重量計

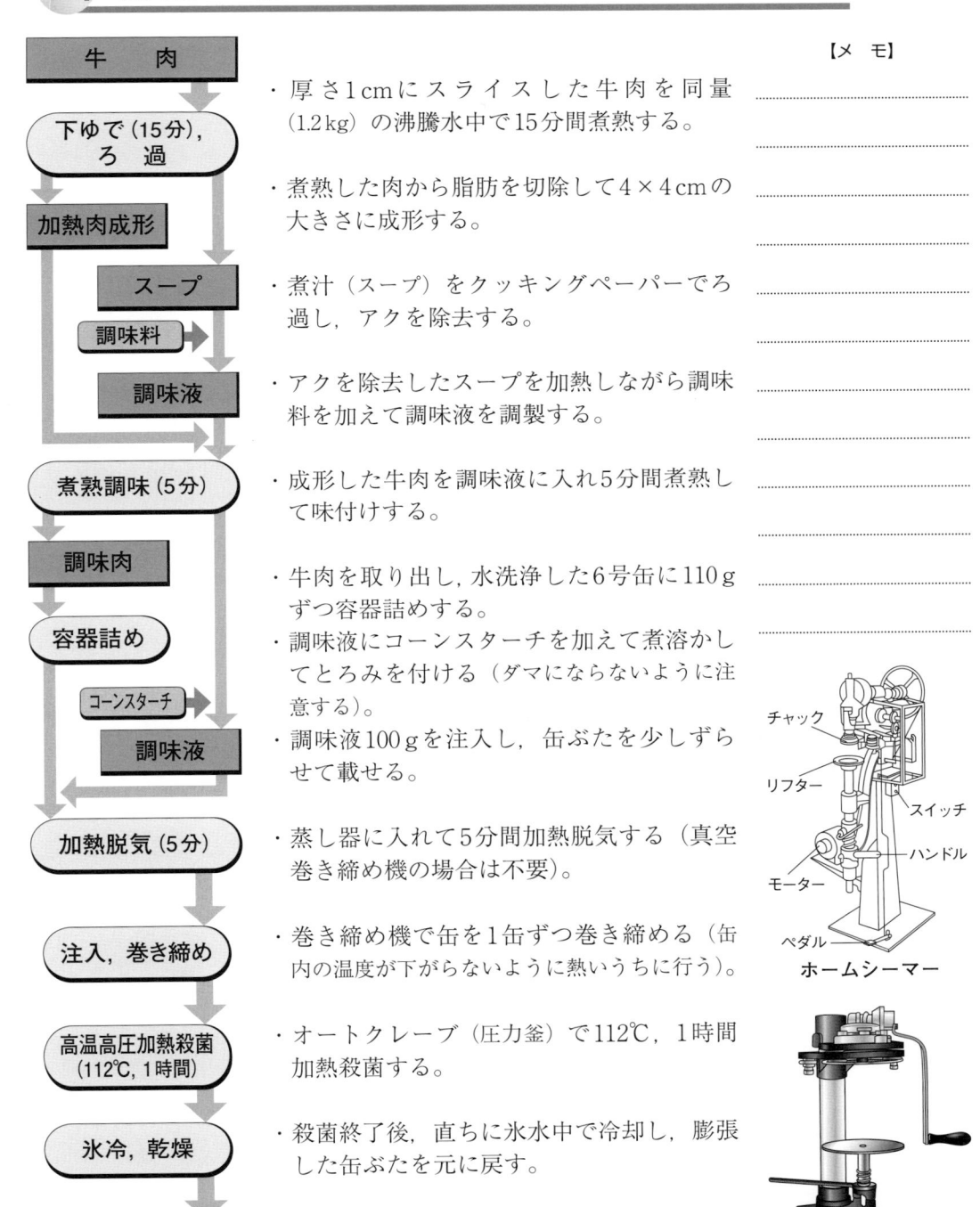

26. 牛肉大和煮缶詰

5. 製造工程

【メモ】

フロー図：
- 牛肉
- 下ゆで（15分），ろ過
- 加熱肉成形
- スープ
- 調味料 →
- 調味液
- 煮熟調味（5分）
- 調味肉
- 容器詰め
- コーンスターチ →
- 調味液
- 加熱脱気（5分）
- 注入，巻き締め
- 高温高圧加熱殺菌（112℃，1時間）
- 氷冷，乾燥
- 製品

- 厚さ1cmにスライスした牛肉を同量（1.2kg）の沸騰水中で15分間煮熟する。

- 煮熟した肉から脂肪を切除して4×4cmの大きさに成形する。

- 煮汁（スープ）をクッキングペーパーでろ過し，アクを除去する。

- アクを除去したスープを加熱しながら調味料を加えて調味液を調製する。

- 成形した牛肉を調味液に入れ5分間煮熟して味付けする。

- 牛肉を取り出し，水洗浄した6号缶に110gずつ容器詰めする。

- 調味液にコーンスターチを加えて煮溶かしてとろみを付ける（ダマにならないように注意する）。

- 調味液100gを注入し，缶ぶたを少しずらせて載せる。

- 蒸し器に入れて5分間加熱脱気する（真空巻き締め機の場合は不要）。

- 巻き締め機で缶を1缶ずつ巻き締める（缶内の温度が下がらないように熱いうちに行う）。

- オートクレーブ（圧力釜）で112℃，1時間加熱殺菌する。

- 殺菌終了後，直ちに氷水中で冷却し，膨張した缶ぶたを元に戻す。

- 冷却した缶の表面に付着した水を乾いたふきんでふき取り乾燥させる。

ホームシーマー（チャック，リフター，スイッチ，ハンドル，モーター，ペダル）

手動式巻き締め機

[畜産加工品] 肉　類

6. 要　点

▶加熱による肉の変化

　畜肉は加熱することで，筋原線維たん白質分子の側鎖間の結合が切れ，立体構造が崩れる。そして，分子間に**ジスルフィド結合**などの強固な結合が生じ，たん白質同士の凝集が起き硬化すると同時に保水力を失う。一方，結合たん白質である**コラーゲン**は熱可溶性であるため長時間加熱することで溶出して，ついには**ゼラチン**となる。缶に容器詰めするときの肉が硬化してほぐれにくいのに比べ，巻き締めて高温高圧殺菌した後の肉がほぐれやすく柔らかいのはこのためである。

●コラム１　　金属缶の構造と素材

▶金属缶の構造

　缶詰に使用される金属缶の多くはオープントップ２重巻き締め缶であり，缶胴，缶底，缶ぶたから構成される（**３ピース缶**）。また，金属板を打ち抜いて缶胴と缶底を一体成型したもの（**２ピース缶**）もある。近年では缶切を使わずに簡単に開くことができる**イージーオープン缶**もある。高温加圧殺菌が必要な缶は加圧・減圧により金属ふたに「ひずみ」を生じるため**エキスパンションリング**とよばれる３重のリングがあり，ひずみを緩和するスプリングの作用を持たせている。

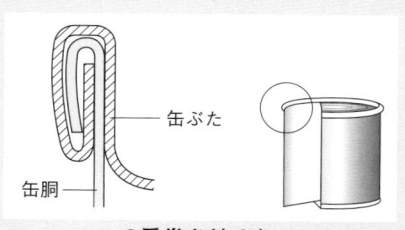

　　　　２重巻き締め缶 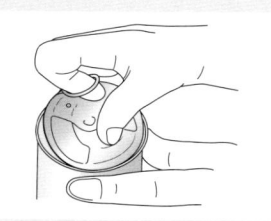　　　　　イージーオープン缶

▶金属缶の素材

　金属缶に使用される素材は鉄（スチール）またはアルミニウムであるが，内容物と反応し，金属が溶出して変色，異臭，破損あるいは人体に影響を及ぼすなどの原因となることを考慮して，表面にメッキを施し，さらに内容物の性質にあった塗装がされている。従来は，鉄に錫メッキをした**ブリキ缶**（Tin Can）が主流であったが，錫の代わりにクロムメッキをした**Tin Free Steal缶**（TFS）が普及している。また，アルミニウムは酸化による腐食が少なく，また伸展性もよいため加工しやすく安価であるが，低pHで高塩素イオン（塩分が高い）の内容物には脆弱であるため**内面塗装**が施してある。

●コラム2　食缶の規格

　缶詰用缶には，丸缶，角缶，だ円缶（オーバル缶），鉢形缶など，用途によっていくつかの形態がある。丸缶がもっとも多く用いられる。うなぎ蒲焼缶は角缶，いわし味付缶はだ円缶，コンビーフは鉢形缶が使われる。各々の缶型の大きさ（内容積）は号数で示されており，号数が小さいほど内容積は大きい。

主な食缶の規格

缶　　型	内　径 (mm)	高　さ (mm)	内容積 (mL)
1号缶	153.3	176.8	3,100
2号缶	98.9	120.9	878
3号缶	83.4	113.0	581
4号缶	74.1	113.0	458
5号缶	74.1	81.3	322
6号缶	74.1	59.0	226
7号缶	65.4	101.1	317
特殊7号缶	65.4	75.7	233
8号缶	65.4	52.7	155
平1号缶	98.9	68.5	470
平2号缶	83.4	51.1	240
平3号缶	74.1	34.4	121
かに2号缶	83.4	55.9	266
かに3号缶	74.1	39.2	139
小型1号缶	52.4	88.4	178
小型2号缶	52.4	52.7	100
マッシュルーム1号缶	52.4	56.7	105
マッシュルーム2号缶	65.4	69.2	211
マッシュルーム3号缶	74.1	95.3	383
マッシュルーム4号缶	83.4	142.3	732
コーン4号	74.1	112.0	451
コーン7号	65.4	80.3	246
ツナ1号缶	98.9	59.0	398
ツナ2号缶	83.4	45.5	208
ツナ2号DR缶	83.2	44.1	213
ツナ3号缶	65.4	39.2	110
ツナ3号DR缶	65.4	37.8	111
ツナ2キロ缶	153.3	113.8	1,961
果実7号缶	65.4	81.3	251
ポケット2号缶	98.9	36.3	226
ポケット3号缶	83.4	30.3	125

[畜産加工品] 乳　類
27. ヨーグルト

1. 歴史・加工の背景

　紀元前，家畜の皮袋に入れて生乳を持ち歩くうち，自然に発酵したのがヨーグルトの始まりとされている。その後，ヨーロッパからシルクロードを経て東アジアにも広まった。**酪**(らく)とよばれ，仏教とともに日本に伝わったが，寺院以外では広まらなかった。明治中期に**凝乳**(ぎょうにゅう)として売り出され，大正時代に「ヨーグルト」とよばれるようになった。ヨーグルトという名称は，トルコ語の「ヨウルト（撹拌すること）」に由来している。現在，一般的な**プレーンヨーグルト**のほかに，寒天等を加え硬くした**ハードヨーグルト**，果肉や甘味料を添加した**ソフトヨーグルト**や**ドリンクヨーグルト**，そしてアイスクリーム状にした**フローズンヨーグルト**などが市販されている。

2. 製造原理

　プレーンヨーグルトは，殺菌した原料乳に**スターター**とよばれる純粋培養した乳酸菌を1〜3％になるよう接種し，容器に充てん後，40〜45℃で3〜4時間発酵させ冷却して製造する。発酵過程において，乳酸菌により乳酸発酵が進み，原料乳中の乳糖がグルコースに分解され**乳酸**が生成される。乳酸菌のうち，グルコースから95％以上の効率で乳酸を生成するものを**ホモ乳酸菌**という。生成した乳酸は乳たん白質の**カゼイン**に作用し，pH 5.5付近から**カード**（curd，凝乳）を形成しはじめ，pH 5.0でゲル形成が認められるようになる。その後，カゼインの等電点であるpH 4.6付近になるとカゼインミセルとκ-カゼインやα-ラクトアルブミンなどが交互作用し規則正しいネットワークが形成され，その中に脂肪球や水溶性成分が保持される。そのため，pH 4.6〜5.5の間に振動を与えるとなめらかな組織が形成されず，**ホエー**（whey；乳清）分離を引き起こす。発酵後は，直ちに10℃以下に冷却する。冷却後の製品は，酸度0.8〜0.9％，pH 4.0〜4.2が望ましく，冷蔵で約2週間の保存が可能であるが，冷蔵中も乳酸の生成は徐々に進行する。プレーンヨーグルトやハードヨーグルトは小売り容器に入れたのち発酵させるため**後発酵型**（静置型）**ヨーグルト**とよばれる。一方，ソフトヨーグルト，ドリンクヨーグルト，フローズンヨーグルトはタンクであらかじめ発酵させたのち小売り容器に充てんされるため**前発酵型**（撹拌型）**ヨーグルト**とよばれる。

3. 規格・基準

ヨーグルトは，厚生労働省が定める「乳及び乳製品の成分規格等に関する省令」（以下，**乳等省令**）においては発酵乳として定義されている。発酵乳には乳酸発酵のみを行わせた**酸乳**と，乳酸発酵と同時にアルコール発酵を行わせた**アルコール発酵乳**があるが，いずれの発酵乳も「乳等を乳酸菌又は酵母で発酵させ，糊状又は液状にしたもの又はこれらを凍結したもの」と定義されている。酸乳には，ヨーグルトのほかに発酵バターミルク，ブルガリアンミルクがあり，アルコール発酵乳にはケフィアやクミスが含まれる。また，発酵乳に甘味料や香料などを添加した乳酸菌飲料は，無脂乳固形分の含有割合により「**乳製品**」と「**乳等を主要原料にした食品**」に区別されている。ヨーグルトに使用する乳酸菌の規格には，FAO/WHOによる国際規格では*Streptococcus salivarius subsp. thermophilus*（*S. thermophilus*, **サーモフィラス菌**）と*Lactobacillus derbrueckii subsp. bulgaricus*（*L. bulgaricus*, **ブルガリクス菌**）を併用することが定められている。両者は共生関係にあり単独で使用するより酸生成が速くなり風味が優れる。一方，乳等省令ではヨーグルトに使用される乳酸菌等に規定はない。したがって，ヒト腸管内にも生息している*Bifidobacterium*属（**ビフィズス菌**）を使用したものを含め，さまざまな種類のヨーグルトが製品化されている。以下に乳等省令で定められている発酵乳と乳酸菌飲料の主な規格・基準を示す。

発酵乳と乳酸菌飲料の主な規格・基準

種　類	発酵乳	乳酸菌飲料	
		乳製品	乳等を主要原料とする食品
無脂乳固形分	8.0%以上	3.0%以上	3.0%未満
乳酸菌または酵母数（1mL当たり）	1,000万以上	1,000万以上[注]	100万以上
大腸菌群	陰　性		

注：ただし，発酵させた後において，75度以上で15分間加熱するか，又はこれと同等以上の殺菌効果を有する方法で加熱殺菌したものは，この限りでない。

4. 材料・用具

1）原材料（6人分：90g入り容器5～6個）

牛乳250g，水200g，スキムミルク27g，スターター（発酵乳）15g

2）用　具

恒温器，耐熱広口瓶（容量1kg），薬さじ，充てん用カップ，重量計，計量カップ，温度計，pH計

[畜産加工品] 乳　類

5. 製造工程

スキムミルク	・スキムミルク27gを計量する。 ＊スキムミルクを併用すると，脂肪の少ない製品となる。牛乳のみでも製造可能であるが，乳脂肪が凝固に影響を与え，ホエーを多く生じ，柔らかめの製品となることがある。また，牛乳のみで製作すると，味はコクに欠ける。
水（200g）	
加温	
撹拌・溶解	・湯の中でスキムミルクを撹拌・溶解する。
牛乳（250g）	・牛乳250gを加える。
保持殺菌（80℃, 15分）	・80℃で15分間保持殺菌を行う。
冷却	・流水中で40℃まで冷却する。 **＊以後の操作は，すべて無菌的に行う。**
発酵乳（15g）	
混合	・スターターとなる発酵乳15gを加え，よく混合する。
充てん（90gずつ）	・あらかじめアルコール殺菌，または煮沸消毒したカップに90gずつ充てんし，ふたをする。この際，ふたに液が付着した場合は，よく拭き取っておく。
発酵（42〜43℃, 3〜4時間）	・発酵用恒温器で発酵させる。 　42〜43℃の場合6〜8時間 　37〜38℃の場合16〜18時間
冷却	
製品	

【メ　モ】

27. ヨーグルト

6. 要　　点

▶外　観
適度な硬さと粘度があり，表面がなめらかでホエー分離が少ない製品がよい。色調はプレーンヨーグルトの場合，乳白色であり原料に由来する色調でなければならない。

▶風　味
過度の酸味がなく，苦味，粘着性がない製品がよい。

▶発酵終了の目安：酸度
発酵終了の目安は酸度が0.8～0.9％，pH 4.0～4.2である。酸度を測定する際は，試料を砕いた後，指示薬（フェノールフタレイン）を用い中和滴定により算出する。試料が着色し終点の判定が困難な場合は，pH計を用いpHを測定しながらフェノールフタレインの変色点pH 8.3を終点として滴定を行う。

測定法 pHの測定

　pHを測定する**pH計**はガラス電極を用いたものが一般的であるが，小型で微量の試薬を測定できる簡易型のpH計も市販されている。機種により取り扱いは異なるが，pHを測定する際は必ずpH標準液（pH 4・7・12）で1～3点の校正を行ったのち使用する。

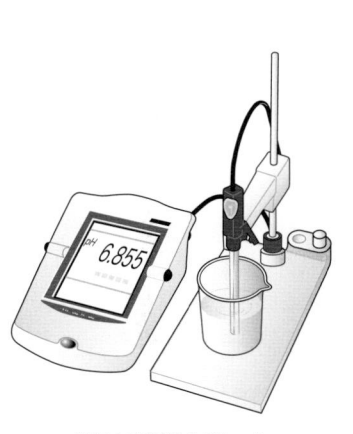

ガラス電極を用いた
pH計

簡易型pH計

[畜産加工品] 乳 類

28. アイスクリーム

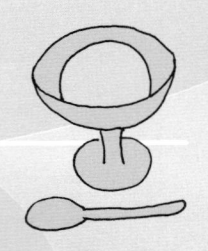

1. 歴史・加工の背景

　アイスクリームは，イタリアで考案されヨーロッパや米国に普及した。19世紀から20世紀にかけて米国で工場での生産が行われるようになり，日本では，1869年に横浜馬車道通りで町田房蔵が最初のアイスクリーム「あいすくりん」の製造販売を始めた。1920年に国内で本格的に工業化が始まった[1]。

　アイスクリームの特徴は，"ソフトな食感"と"口溶けのよさ"である。これはアイスクリームに含まれる空気による。細かい気泡が脂肪球や微細な氷結晶の間に混入してアイスクリームの容積が増大する。この増大量を**オーバーラン**と呼び，比（％）で示される。一般的なアイスクリームでは80〜100％であり，オーバーランが高いと"フワッ"とした軽い食感，低いと"ねっとり"とした重みのある食感となる。また，細かい気泡が取り込まれることによって気泡，脂肪球，微細な氷結晶が細かく均一に分散するために口溶けがよくなる。

2. 製 造 原 理

　アイスクリームは，牛乳または生クリームなどの乳製品を主原料として，糖類や鶏卵などの副原料を加えて混合した**アイスクリームミックス**を，撹拌によって空気を含ませながら凍結したものである。市販品の製造では，安定剤，乳化剤，香料，着色料などの食品添加物も用いられる。

アイスクリームの品質に影響をおよぼす食品成分

成　分	効　　　　　果
乳脂肪	乳脂肪球の大きさが小さいとなめらかになり，**口あたりがよくなる**。
たん白質	アイスクリームミックスに含まれる水分を結合して，**氷結晶を小さくする**。
乳　糖	アイスクリームミックスの凍結温度を下げて，**氷結晶を小さくする**。
ミネラル	たん白質と結合してアイスクリームの組織をなめらかにし，**風味とコクを与える**。

食品添加物の使用目的

添加物	目　　　　　的
安定剤	組織をなめらかにして，**空気の混入（オーバーラン）を調節する**。
乳化剤	凍結中におけるアイスクリーム組織の不均一化を防ぐ。
香　料	香りを強めたり，改良する。
着色料	色を補ったり，改良する。

3. 規格・基準

アイスクリーム類は「食品衛生法」の規定に基づく「乳及び乳製品の成分規格等に関する省令（乳等省令）」により，乳固形分および乳脂肪分の含量によって**アイスクリーム，アイスミルク，ラクトアイス**に区分される。

アイスクリーム類の定義と規格（乳等省令）

		アイスクリーム	アイスミルク	ラクトアイス
定 義		\multicolumn{3}{l}{「アイスクリーム類」とは，乳又はこれらを原料として製造した食品を加工し，又は主要原料としたものを凍結させたものであつて，乳固形分3.0%以上を含むもの（発酵乳を除く。）をいう。}		
成分規格	乳固形分	15.0%以上 うち乳脂肪分8.0%以上	10.0%以上 うち乳脂肪分3.0%以上	3.0%以上
	細菌数（標準平板培養法で1g当たり）	100,000以下	50,000以下	50,000以下
	大腸菌群	陰性	陰性	陰性
製造の方法の基 準		\multicolumn{3}{l}{a アイスクリームの原水は，食品，添加物等の規格基準に定める食品製造用水（以下「食品製造用水」という。）であること。 b アイスクリームの原料（発酵乳及び乳酸菌飲料を除く。）は，摂氏68度で30分間加熱殺菌するか，又はこれと同等以上の殺菌効果を有する方法で殺菌すること。 c 氷結管からアイスクリームを抜きとる場合に，その外部を温めるため使用する水は，流水（食品製造用水に限る。）であること。 d アイスクリームを容器包装に分注する場合は分注機械を用い，打栓する場合は打栓機械を用いること。 e アイスクリームの融解水は，これをアイスクリームの原料としないこと。ただし，bによる加熱殺菌をしたものは，この限りでない。}		

（第2条21，別表（3）乳製品の成分規格並びに製造及び保存の方法の基準）

4. 材料・用具

1）**原材料**（6人分：1人当たり80g）

　アイスクリームミックス：牛乳200g，生クリーム200g，グラニュー糖40g，
　　　　　　　　　　　　　卵黄2個分，バニラエッセンス

　寒剤用：食塩230g，氷1.5kg

2）**用　具**

　冷蔵庫，鍋，ボール（大きさの異なる2組），プラスチック製へら，重量計，温度計

[畜産加工品] 乳　類

5. 製造工程

```
牛　乳
  ↓        ・牛乳を鍋に入れる。
加　熱
  ↓        ・直火で加熱し50℃になる手前で，かきま
卵黄 →       ぜた卵黄を加える。
  ↓
混　合      ・プラスチック製へらを用いて混合する。
  ↓
グラニュー糖 → ・数回に分けてグラニュー糖を加える。
  ↓
混合溶解    ・煮熱しながらへらを使い十分に混合する。
  ↓
加熱殺菌    ・75℃に達したら，火を止めてふたをする。
(75℃で火を止め20分)  鍋は約20分間熱源（コンロ）の上に置いて
  ↓          おく。
冷　却      ・水冷で，品温を30℃以下にする。
(30℃以下)
  ↓
生クリーム → ・生クリームを加え，へらを用いて混合する。
バニラエッセンス → ・好みに応じてバニラエッセンスを加える。
  ↓
混　合      ・バニラエッセンスを加えたら，へらを用
  ↓          いて混合する。
アイスクリームミックス
  ↓        ・大きいボールの内壁に沿って氷を並べる。
寒剤の調製  ・食塩を氷全体にまんべんなく振りかける。
  ↓
寒　剤      ・ボールの表面が冷えて白くなったら，ア
  ↓          イスクリームミックスを小さいボールに移
             し，ボールの底を並べた氷に密着させる。
凍結（寒剤） ・へらでゆっくり撹拌し，アイスクリームミ
  ↓          ックスが固まり始めたら，ヘラの回す方向
             と逆方向に小さいボールを回して固める。
凍結（冷凍庫）・冷凍庫内で凍結させる。
  ↓
製　品
```

寒剤による凍結

【メ　モ】

6. 要　点

▶寒　剤

食塩を氷と混合すると，氷は融解して融解熱を吸収し，食塩の結晶はその融けた水に溶解して熱を吸収し，温度は低くなる。このようにして低温を得ることができる物質のこと（氷100gに対して食塩33gで降下温度は－21.2℃である）[2]。

▶口あたり，食感

口あたりのよい，なめらかな食感のアイスクリームを作るためには十分に混合，撹拌することが重要で，アイスクリーム組織内に均一に空気が混合されているかどうかがポイントである。

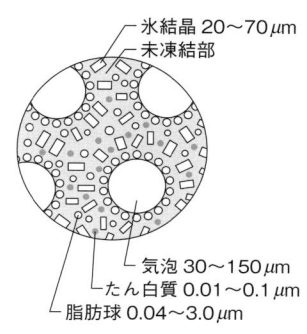

顕微鏡でみたアイスクリームの分散状態[2]
（氷結晶 20～70μm，未凍結部，気泡 30～150μm，たん白質 0.01～0.1μm，脂肪球 0.04～3.0μm）

▶シュリンケージ

保存状態不良による**シュリンケージ**（体積の収縮）は，気圧の変動により，組織中の気泡粒子構造が崩壊し，組織から空気が抜けて容器とアイスクリームとの間に隙間ができる現象で，市販品の輸送中に起こりやすい[1]。

7. 製品の評価

▶食味の評価

以下の項目で評価される。
①甘味の強さ・好ましさ，②後味の強さ・好ましさ，③口溶けの状態・好ましさ，④総合評価

▶オーバーランの算出

同一容積の容器としてプリン型などを用いて，すりきりによって，各重量を測定する。

$$\text{オーバーラン}(\%) = \frac{\text{アイスクリームミックス重量} - \text{アイスクリーム重量}}{\text{アイスクリーム重量}} \times 100$$

[畜産加工品] 乳　類
29. チーズ（カッテージ）

1. 歴史・加工の背景

　紀元前6000年代のスイス湖上生活者の遺跡から，乳を固めて**ホエー**（whey；乳清）を除くための小穴がある壺の破片が発見された。**凝乳酵素**（レンネット；rennet）を用いたチーズの製造については，紀元前1400年頃にアラビアの商隊によって発見されたことを物語る民話がある。メソポタミアで発祥したチーズは，中近東からトルコやギリシャへ伝播し，古代ギリシャでは，"神へのそなえもの"として羊乳などから製造されていた。紀元前1000〜700年頃には，イタリアにレンネット凝固チーズの製法が伝わっていた。さらに，紀元前753〜476年には，ローマ帝国の領土拡大にともないチーズの製造技術が欧州全域に広がった。476年，西ローマ帝国滅亡後は，修道院の僧侶たちにより製造技術が受け継がれた。イギリスにもローマ人によって製造法が伝えられ，1540年頃にチェダーチーズが製造された。イギリス人は，移民先にも自国の食文化を持ち込み，米国やカナダなどでもチェダーの製造が行われるようになった。1875年に日本初のレンネット凝固チーズとしてチェダーチーズが製造された[1]。

2. 製造原理

　ナチュラルチーズは，乳，クリーム，部分脱脂乳，バターミルク，またはこれらを混合したものを凝固させた後，排水して得られる非熟成の生鮮なもの，もしくは熟成させたものである。**カッテージチーズ**は，非熟成の軟質チーズ（フレッ

（1）酸（H^+）を加えて等電点にする

水溶液中のたん白質
〔脱脂乳（中性水溶液）〕

沈殿したたん白質
（カゼインの沈殿）
（pH 4.6）

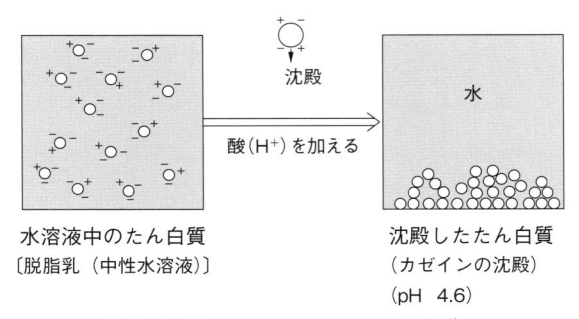

有機酸添加によるカゼインの沈殿[2]

シュチーズ）のひとつで，他のチーズと比べて脂肪含量が少なく，低エネルギー食品である。乳たん白質である**カゼイン**は，レモン汁に含まれるクエン酸や食酢に含まれる酢酸などの有機酸で酸沈殿する。

3. 規格・基準

1962年に国際連合食糧農業機関（FAO）と世界保健機関（WHO）が合同で設置した食品規格委員会によって策定された国際食品規格（Codex standard）に「チーズ一般規格」がある。ここでは，乳等省令による**ナチュラルチーズ**と**プロセスチーズ**の定義と規格を示す。

チーズの定義と規格（乳等省令）

	「チーズ」とは，ナチュラルチーズ及びプロセスチーズをいう。	
定義	「ナチュラルチーズ」とは，次のものをいう。 1　乳，バターミルク（バターを製造する際に生じた脂肪粒以外の部分をいう。以下同じ。），クリーム又はこれらを混合したもののほとんどすべて又は一部のたんぱく質を酵素その他の凝固剤により凝固させた凝乳から乳清の一部を除去したもの又はこれらを熟成したもの 2　前号に掲げるもののほか，乳等を原料として，たん白質の凝固作用を含む製造技術を用いて製造したものであって，同号に掲げるものと同様の化学的，物理的及び官能的特性を有するもの	「プロセスチーズ」とは，ナチュラルチーズを粉砕し，加熱溶融し，乳化したものをいう。
成分規格		乳固形分　40.0％以上 大腸菌群　陰性

（第2条17・18・19，別表（3）乳製品の成分規格並びに製造及び保存の方法の基準）

4. 材料・用具

1）原材料（1人分：1人当たり100g）

　牛乳400g，レモン1個分のレモン汁

2）用　具

　鍋，レモン搾り器，プラスチック製へら，搾り袋，重量計，温度計，pH計

[畜産加工品] 乳　類

5. 製造工程

牛　乳
・牛乳を鍋に入れる。

加　熱
・直火で45～50℃に加熱する。

熱源（コンロ）から鍋をおろす。

レモン汁　→
・レモン搾り器を用いる。

混　合
・軽く全体を十文字に切るようにプラスチック製へらで混ぜる。

放　置
（7～8分間）
・ふたをして放置する。

凝固物を絞り袋に入れ，絞る
・適度に水分が残るように絞る。

・pHを測定する

製　品

【メ　モ】

6. 要点

▶ **主なナチュラルチーズ**

主なナチュラルチーズの種類を示した。

主なナチュラルチーズの種類

名　称	主な生産国	硬　さ	微生物
パルメザン	イタリア	超硬質	細菌
ゴーダ	オランダ	硬質	細菌（ガス孔無）
エメンタール	スイス		細菌（ガス孔有）
ブリック	アメリカ	半硬質	細菌
リンブルガー	ベルギー		細菌（表面）
ゴルゴンゾーラ	イタリア		青かび（内部）
カマンベール	フランス	軟質	熟成

7. 製品の評価

▶ **食味評価**

評価項目とその尺度を下に示した。

酸味の強さ	強い （酸っぱい）	やや強い （酸っぱい）	強くない （酸っぱくない）
酸味の好ましさ	好ましい	やや好ましい	好ましくない
"ねっとり感"の強さ	強い （ねっとりしている）	やや強い （ねっとりしている）	弱い （ほとんどねっとりしていない）
"ねっとり感"の好ましさ	好ましい	やや好ましい	好ましくない
総合評価	おいしい	まあまあおいしい	おいしくない

▶ **pHの計測**

カッテージチーズのpHを計測（➡p.109）し，酸味の強さとの関係を考察する。

[畜産加工品] 乳 類
30. バター

1. 歴史・加工の背景

　バターの起源は古く，紀元前3500年頃のメソポタミアの石版に牛乳を搾ってバターと思われるものを作っている人の姿が描かれている。しかし，チーズや発酵乳ほど多くの記録が残っていない。温度にデリケートなバターは，扱いにくく製造が難しい食品だったのかもしれない。日本には6世紀頃に朝鮮半島の百済からの伝来した医薬書の中で牛乳に関する知識が伝えられたといわれ，8世紀頃には牛乳を煮詰めた蘇（そ）という乳製品が登場した。これがチーズやバターに近いものだったと推測される。広く一般にバターが紹介されたのは明治維新の後で，明治政府は畜産を奨励し，バターは栄養豊富な新しい食べ物として庶民に知られるようになった。

　バターは製法によって，発酵バターと非発酵バターに分けられる。**発酵バター**は，乳酸菌で発酵させたクリームを原料とし，ほのかにヨーグルトのような芳香がある。日本や米国では**非発酵バター**が主流であるが，ヨーロッパでは発酵バターが主流となっている。

　また，バターや脱脂粉乳は牛乳の生産調整のため，生乳に余剰があるときに多く生産される。

2. 製造原理

　生乳から分離した脂肪分（クリーム）を原料として製造する。乳脂肪分を約40％に調製したクリームを10℃以下で激しく**撹拌（チャーニング）**すると，クリーム中に気泡が生まれ，脂肪球の表面を覆う皮膜が破れる。さらにチャーニングが進み気泡が消失すると，脂肪球がバター粒として米粒大の塊となる。原料クリームは乳脂肪が水分中に分散している**水中油滴型（O/W型）**であるが，このチャーニングによって被膜が破れることにより相転換が起こり，**油中水滴型（W/O型）**となる。このとき，バター粒とは別に油中に分散していられなくなった水が**バターミルク**として分離する。生成したバター粒は，冷水にて洗浄を行い，さらに**練圧（ワーキング）**することで，余分な水分の除去を行う。このワーキングの際に1～2％の食塩を添加した**有塩バター**と，添加しない**無塩バター**があり，有塩バターは食卓用で，無塩バターは製菓用・調理用として使用される。

3. 規格・基準

乳等省令による定義と規格ならびに農林水産省令で定める品質規格を示す。

バターの定義と規格（乳等省令）

定　義		「バター」とは，生乳，牛乳，特別牛乳又は生水牛乳から得られた脂肪粒を練圧したものをいう。
成分規格	乳脂肪分	80.0％以上
	水　分	17.0％以下
	大腸菌群	陰性

（第2条15，別表（3）乳製品の成分規格並びに製造及び保存の方法の基準）

バターの品質規格

検査項目	規　格　基　準
外　観	均等に特有の淡黄色又はこれに近い色を呈し，斑点，波紋等が多くないもの
組　織	横断面の状態に，水滴の遊離が多い等の著しい欠陥がないもの
風　味	酸味，苦味，飼料臭，牛舎臭，変質脂肪臭その他の異臭味をほとんど有しないもの
食　塩	加塩バターにあつては，食塩の分布及び溶解に著しい欠陥がないもの
乳脂肪分	加塩バターにあつては80.0％以上，無塩バターにあつては82.0％以上で，異種脂肪を含まないもの

〔畜産物の価格安定に関する法律施行規則（昭和36年，農林省令第58号）第3条1.〕

4. 材料・用具

1) 原材料（6人分：1人当たり100 g）

　生クリーム720 g（乳脂肪分を40％程度に牛乳で調製したもの），食塩3～6 g（バター重量の1～2％）

2) 用　具

　チャーニング用瓶（容量300 g），ステンレス製バット，さじ，さらし布，容器瓶（容量100 g），重量計，温度計

[畜産加工品] 乳　類

5. 製造工程

生クリーム（120g）	・乳脂肪分を35〜40％に調製した生クリーム（10℃）を瓶（300g）に4割程度入れる。
チャーニング	・瓶を激しく振り，チャーニングする。
バターミルク	・O/WからW/Oに相転換が起こり，バター粒が形成し，バターミルクが分離する。
バターの洗浄	・バターミルクを取り除き，冷水にて洗浄を3回行う。
撹拌	・バターをさらし布でくるみ，ステンレスバット上で撹拌し，余分な水分を十分に取り除く。
食塩	・水切り後，食塩をバター重量の1〜2％加えよく混ぜる。
ワーキング	・練圧し，なめらかにする。
製品	・容器に充てんする。

【メモ】

6. 要　　点

▶ バター製造と脂肪球の大きさ

　搾りたての生乳中に含まれる乳脂肪球の直径は，0.1～10μm程度であり，このうち脂肪球が大きいものは浮き上がりやすく分離してしまう。このため，ホモジナイザー（均質機）を用い，生乳を細かい隙間から高圧で押し出すことによって，脂肪球を直径約2μm以下に小さくする。この操作により市販の牛乳は乳脂肪が分離せず，分散している。しかし，バター製造においては，脂肪球が小さくなることによってバター粒の形成性が低下するため，この処理を行っていない生乳から製造される。

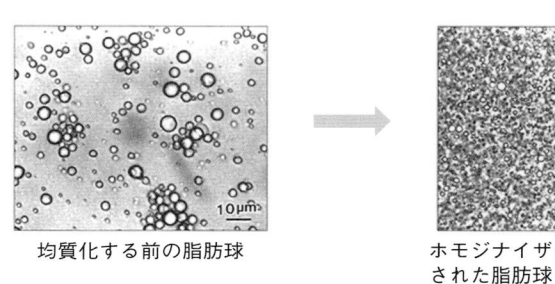

均質化する前の脂肪球　→　ホモジナイザーにより均質化された脂肪球

（雪印メグミルク(株)資料，日本乳業協会ホームページより引用）

▶ クリームの分離

　生乳からクリームを分離するには，**クリームセパレーター**を用いる。脱脂乳と乳脂肪の比重差を利用し，連続式遠心分離にて分離を行う。

▶ バターの色彩

　バターの原料であるクリームの色は白色である。しかし，バターになると淡黄色となる。牛乳やクリームは，その中に含まれている**カゼイン**や**乳脂肪球**が分散し，光を乱反射して白く見えている。バター製造時には，乳脂肪球表面の膜が破れ凝集することにより，乳脂肪本来の色となる。乳脂肪中には，黄色を示す**カロテン**が含まるため，バターは黄色を示す。また，カロテンは夏の青草中に多く含まれることから，青草を食べた牛から搾った生乳を原料に製造したバターは黄色が強くなり，干し草を食べた牛からのものは，黄色が淡い色となる。製造したバターの色彩は，**測色色差計**（→p.133）で測定することで，色彩が簡易に数値化でき，評価することができる。

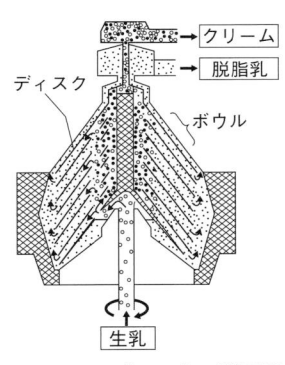

クリームセパレーター断面図

[菓 子 類]
31. ビスケット

1. 歴史・加工の背景

　ビスケットの名前の由来はフランス語の「ビスキュイ（biscuit）」からきており，bisは「2度」，cuitは「焼く」を意味し，「2度焼きしたもの」という意味である。昔のビスケットは保存食の乾パンのような硬い菓子で，軍隊，航海用の保存食であった。現代もビスキュイの語源からビスケット類は焼菓子，硬いパンを指し，サブレやクラッカー，ウエハースなども含まれる。**サブレ**はビスケットに比べてバターまたはショートニングの量が多く，よりサックリした食感のものをさす。**クラッカー**はほとんど糖分を含まず，塩味のある軽い食感のものをさす。**ウエハース**は生地を焼き型に入れて焼き上げたものである。ビスケットには広義の意味ではラスク，パイ（パフ）も含まれる。

　日本には，南蛮菓子のビスカウト（ポルトガル語）として伝えられ，多くの日本人が食べる菓子となった。

2. 製造原理

　ビスケットは，小麦粉を主原料として，砂糖，食用油脂および食塩を混ぜ合わせて，必要によりでん粉，乳製品，卵，香料や食品添加物を配合し，ベーキングパウダーを用いて焼き上げたものである。配合割合，製品の形状，食感などからハードビスケットとソフトビスケットに大別される。

　ハードビスケットはグルテン含量の比較的多い小麦粉を使用し，砂糖や油脂を少なくして，**グルテン**の形成を十分に行い，腰の強い生地から作られる。火ぶくれを防ぐために，製品の表面に針穴がつけられる。食感はパリッとして硬いのが特徴である。**ソフトビスケット**はグルテンの少ない小麦粉を使用し，混合時間を短くし，砂糖や油脂の量を増やし，小麦粉の配合を少なくすることによって，グルテンの形成を抑え，火ぶくれ防止のための針穴はない。食感はサクサクして柔らかいのが特徴である。

　クッキーはビスケット類に分類されるが，手作り風の外観を有し，砂糖と油脂の合計使用量が製品重量の40％以上のものを指し，卵，乳製品，ナッツ，乾果などにより製品の特徴づけをして焼き上げたものとされている。

3. 規格・基準

ビスケット類は大きくハードビスケットとソフトビスケットに分類され，クッキーもビスケット類に含まれる。

ビスケット類の分類

種類	原料使用量	外観	食感
ハードビスケット	小麦粉使用量が多い，またはグルテン含量の多い小麦粉使用	彫り込み模様針穴あり	パリッとして硬い歯触り
ソフトビスケット	小麦粉使用量が少ない，またはグルテン含量の少ない小麦粉使用	浮き出し模様針穴なし	サクサクして柔らかい食感
クッキー	糖と油脂の使用量が重量百分率で40％以上	手作り風	もろい歯触り

ビスケット類の膨張剤の種類ならびに代表する膨化食品を示した。

膨張剤の種類

化学的膨張剤	ベーキングパウダー，イスパタ，重曹など
物理的膨張剤	卵白，卵黄など
発酵膨張剤	酵母（イースト）など

膨化食品

食品	膨張法	膨化ガス
ビスケット類	ベーキングパウダー	炭酸ガス
パウンドケーキ	ベーキングパウダー	炭酸ガス
パン	酵母発酵	炭酸ガス
スポンジケーキ	卵，撹拌操作	空気

4. 材料・用具

1）原材料（6人分：1人当たり約70g）

薄力粉200g，砂糖100g，有塩バター40g，コーンスターチ20g，バニラエッセンス5g，ベーキングパウダー4g，卵（M）1個

2）用具

オーブン，冷蔵庫，型抜き，ボール，ケーキクーラー（網），泡立て器，天板，めん棒，ゴムべら，ふるい，はけ，クッキングシート，重量計

[菓 子 類]

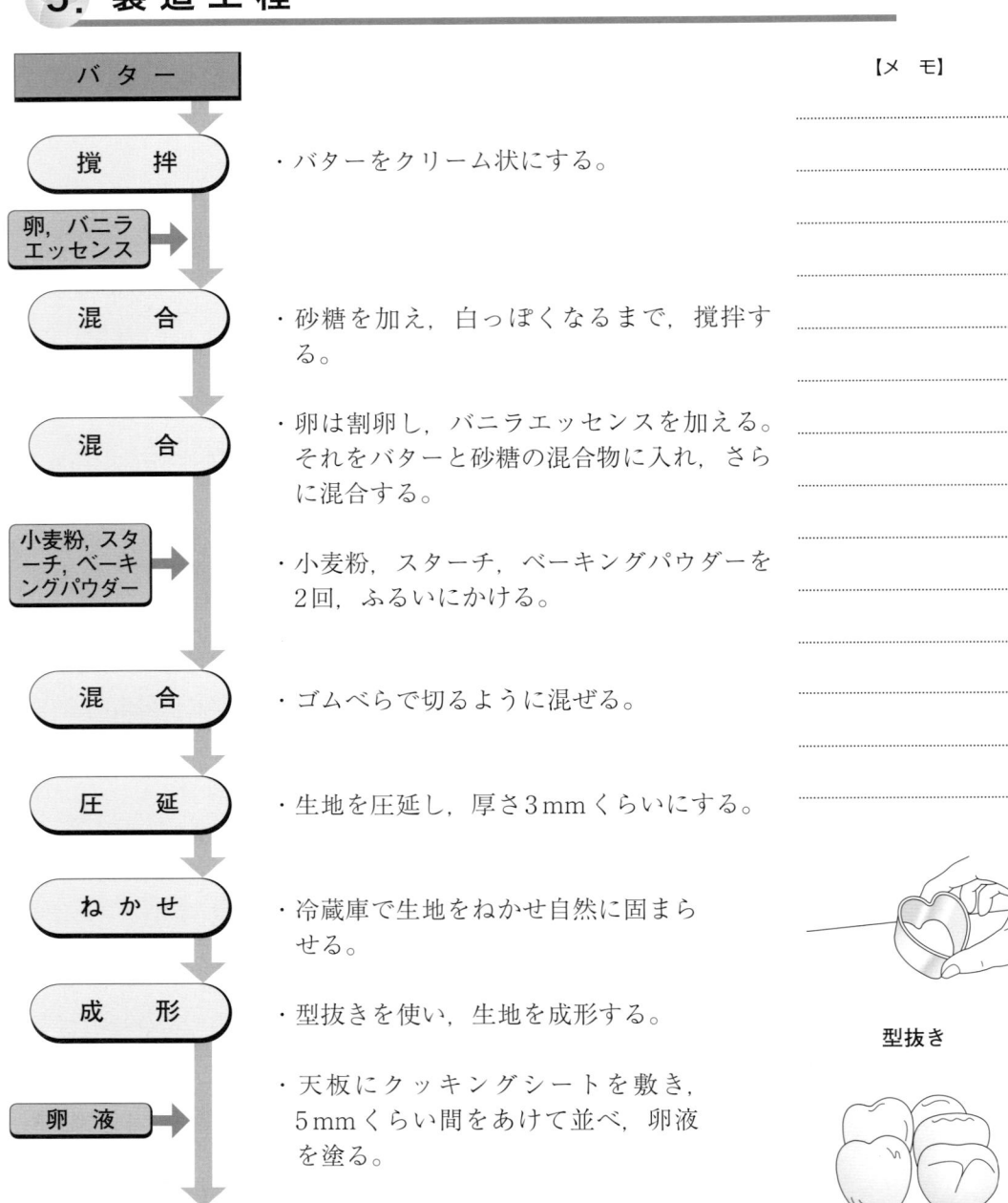

5. 製造工程

```
バター
  ↓
撹拌          ・バターをクリーム状にする。
  ↓
卵, バニラエッセンス →
  ↓
混合          ・砂糖を加え，白っぽくなるまで，撹拌する。
  ↓
混合          ・卵は割卵し，バニラエッセンスを加える。
              それをバターと砂糖の混合物に入れ，さらに混合する。
  ↓
小麦粉, スターチ, ベーキングパウダー →
  ↓           ・小麦粉，スターチ，ベーキングパウダーを
              2回，ふるいにかける。
  ↓
混合          ・ゴムべらで切るように混ぜる。
  ↓
圧延          ・生地を圧延し，厚さ3mmくらいにする。
  ↓
ねかせ        ・冷蔵庫で生地をねかせ自然に固まらせる。
  ↓
成形          ・型抜きを使い，生地を成形する。
  ↓
卵液 →        ・天板にクッキングシートを敷き，
              5mmくらい間をあけて並べ，卵液を塗る。
  ↓
焙焼          ・オーブンで180℃，10分間焼く。
(180℃, 10分)  ・ケーキクーラー（網）にのせて冷ます。
  ↓
製品
```

【メ モ】

型抜き

124

6. 要　　点

▶小麦粉と扱い方

　ビスケットの小麦粉は**薄力粉**（たん白質含量8～9％）を用いる。小麦粉のたん白質含量が生地の硬さに影響し，また，生地を捏ね，グルテンが多く形成されると硬いビスケットとなるので，小麦粉の混合操作はさっくりと混ぜるようにする。

▶ビスケット焼成中に起こる変化

　焼成前の生地は粘性があるが，焼くことによりスポンジ状の固まりとなり，歯ごたえのある食感に変化する。これは加熱により，ベーキングパウダー（膨化剤）から炭酸ガス（二酸化炭素）が発生し，グルテンの網目構造に炭酸ガスが入り込み，**スポンジ構造**を作るとともにたん白質（グルテン）が加熱変性して硬くなるためである。でん粉は**α化**（糊化）したまま水分がなくなり，硬い食感となる。

▶ベーキングパウダー（膨化剤）の働き

　ベーキングパウダーは主に炭酸水素ナトリウムであり，これが焼成により熱分解し，二酸化炭素が発生し，生地が膨化する。炭酸ナトリウムはアルカリ性で苦味があり，小麦粉のフラボノイド色素と反応し黄変化するが，ベーキングパウダーには有機酸が含まれており，中和されて無味になり黄変化も緩和される。

$$2NaHCO_3 \xrightarrow{\text{焼成，加熱（熱分解）}} Na_2CO_3 + CO_2\uparrow + H_2O$$

▶原材料の役割

　各々の原材料はビスケットの味に関与するほか，生地の形成にかかわり，食感に寄与する。**有塩バター**を使うことにより，塩の効果として生地のこしを出し，焼き上がりに硬さを与える。**砂糖**はグルテンの形成を抑える役割があり，卵は生地をなめらかにするなど，生地の物性にかかわる。

▶低温で生地をねかせる効果

　低温で生地をねかせることにより，生地が硬くなり型を抜きやすく，仕上げがきれいになる。また，ねかせることは**グルテン**の形成に関与し，食感がよくなり焼き上がりの歯触りがよくなる。

[菓子類]
32. あん・ようかん

1. 歴史・加工の背景

　菓子が日本の歴史に始めて登場するのは，607年の推古天皇の時代である。遣隋使などが送られた頃に中国の菓子と一緒に伝わったとされ，当時の「あん」は，肉や野菜で作られた中華の肉まんの中身のようなものであった。日本では僧侶たちが肉食を避けるためにあずきで代用して**あん**ができた。室町時代に入ると，あずきに砂糖が加えられ**ぜんざい**が作られた。あんが，庶民の味になったのは江戸時代である。

　あんを利用した菓子に**ようかん**がある。平安時代に，遣唐使により中国から伝わった点心の肉や肝を入れた熱い汁（羹・あつもの）の一種で羊の肝を形どったところから「ようかん（羊羹）」と名付けられた。当時の日本は，肉食を嫌ったため，植物性材料（あずきの粉，やまいも，葛粉，小麦粉）を練って蒸したものを食べた。時代を経て，汁を除いた具を食する日本独自の様式となり，これが**蒸しようかん**の起源となった。寒天を用いた**練りようかん**は江戸時代後期に現れる。

2. 製造原理

　あんは，あずき・えんどう・いんげんなど，でん粉が含まれる豆から作られる。あずきの細胞内部には数個から十数個のでん粉粒子とたん白質などがあり，最外層に強固な細胞壁がある。あずきは加熱されると，内部に急激に水が入り出すのと同時に熱が断続的に加わり，細胞内のでん粉粒子は糊化，たん白質は熱凝固しはじめる。たん白質はでん粉粒子が糊化開始温度（ほぼ60℃）に達する前に，でん粉粒子を取り囲む形で熱変性を受けて凝固する。この状態でさらに熱が加わると，たん白質に取り囲まれたでん粉粒子も膨潤糊化を開始して，膨潤に伴う膨圧と細胞壁の壁圧が平衡に達した時点で，でん粉の膨潤が終了し，あずきの組織が崩壊しないままあん粒子が形成される。

　粒あんは，あずき組織内で形成されたあん粒子（煮熟豆）のまま砂糖を加えて煮詰め仕上げたもの。**こしあん**は，煮えたあずきに水を加えすり潰して個々の細胞粒子（いわゆるあん粒子）にし，これを集め，脱水したもの（生あん）に砂糖を加えて煮詰

あん粒子

めたものである。

あずきの皮には渋味の原因物質である**タンニン**が含まれている。タンニンが残っていると，あんにしたとき風味を損なうとともに甘さの後口が極端に悪くなってしまう。良いあんを作るためには，あずきの煮熟の途中で煮熟水を捨て，溶出したタンニンを除く操作を行う。これを「**渋切り**」とよび，あんの良し悪しを決定する重要な工程である。

3. 規格・基準

あんとようかんの種類を表に示した。

あんの種類[1]

加工の程度	生あん…豆を煮熟後，裏漉しし水さらししたもの。 練りあん…生あんに砂糖を加え，練ったもの。 乾燥あん…水分65%前後の生あんを脱水・乾燥させたもの。
製あん法	生こしあん…豆を煮熟後，裏漉しし水さらししたもの。 つぶしあん…豆を煮熟後，水さらし，圧縮・脱水したもの。 煮崩しあん…皮を破らないように，皮と子葉を軟らかく煮あげたもの。
原料豆	赤あん…雑豆を使用したもの。 あずきあん…あずきを原料としたもの。 白あん…いんげん，白あずきを原料としたもの。
練りあんの配合糖量	並割あん…生あん：砂糖＝100：60〜70 中割あん…生あん：砂糖＝100：80〜90 上割あん…生あん：砂糖＝100：90〜100 小倉あん…つぶしあん：砂糖＝100：65〜70

4. 材料・用具（こしあん）

1) **原材料**（でき上がりこしあん重量：540g，6人分：1人当たり90g）

　あずき200g，グラニュー糖240g

2) **用　具**

　ミキサー，鍋，ボール，裏漉し器，すり棒，木べら，濾し袋，重量計

[菓　子　類]

5. 製造工程

【メ　モ】

```
あずき
  ↓
選別, 水洗
```
・虫食いなどの豆を除く。
・流水でよく洗う。

```
煮熟, 渋切り
  ↑
水 (1カップ)
```
・鍋にあずきと2倍量の水を入れ, 火にかける。
・沸騰したら, 1カップ程度の差し水を行う。
・再び沸騰したらあずきをざるにあげて, 水で洗う（渋切り）。

```
煮熟, 渋切り
```
・新たに2倍量の水を入れ, 火にかける。沸騰後, さらに渋切りする。

```
煮熟
(40分)
```
・新たに4倍量の水を入れ, あずきが軟らかくなるまで40分間煮る。

```
煮熟豆
  ↑
グラニュー糖
  ↓
加熱
  ↓
粒あん
```
・煮熟豆にグラニュー糖を加え, さらに中火で10～20分加熱すると粒あんができあがる。

```
磨砕
```
・煮熟豆をミキサーに10秒程度かける（時間はミキサーの強度による）。

```
篩分
```
・ミキサーで磨砕したものをボールに入れる。沈殿した液を, ボールに逆さにしておいた裏漉し器に通して, 皮などを取り除く。
・ボールに沈んだこしあんに, 水を入れしばらく置き, 水は捨てる。この操作を3回行う。

```
脱水
```
・濾し袋に, ボールのこしあんを入れ, しっかり絞る。

```
生あん
```
・生あんの重量を量る。

32. あん・ようかん

```
グラニュー糖
    ↓
  加 熱
    ↓
  製 品
```

- 生あんの重量の60〜70%のグラニュー糖と，20〜30%の水を鍋に入れ沸騰させる。
- 生あんの1/3を入れて煮る。
- 沸騰したら，残りの生あんを入れ，木べらを鍋底に立てて，焦げ付かないように前後に動かしながら煮る。
- 木べらであんを落としてみて，角がピンと立つようになれば完成（75%まで煮詰める）。

6. 要　点

▶ **あんの食味と砂糖**

あんは，昔から嗜好品の代名詞であった。アクがなく，砂糖の質・量がよく，硬さの程よいものが，質の高いあんとされてきた。最近の低甘味嗜好で，甘くないあんがトレンドになりつつあり，**低甘味糖類**が多用されるようになった。低甘味糖類を使用すれば，たしかに甘味を下げることはできる。しかし，風味を向上させる効果は砂糖に勝るものはないため，結局はあんとしての食味を落とすことになる。

●コラム

練りようかん

ようかんの主材料はあずきの漉し粉，砂糖である。これに寒天を入れ煮詰めたものを**練りようかん**，寒天で固めた水分の多いものを**水ようかん**，小麦粉，葛粉を混ぜて蒸したものを**蒸しようかん**という。

▶ **練りようかんの作り方**

材料：生こしあん540g，水360g，グラニュー糖270g，水あめ45g，糸寒天7g（粉寒天の場合は3.5g）

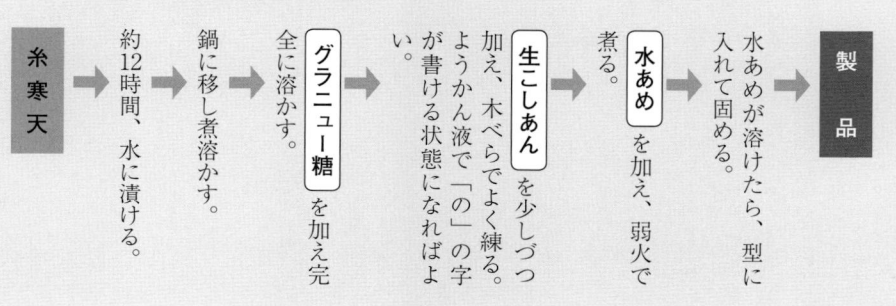

```
糸寒天 → 約12時間、水に漬ける。→ 鍋に移し煮溶かす。→ 全に溶かす。→ グラニュー糖 を加え完全に溶かす。→ ようかん液で「の」の字が書ける状態になればよい。→ 生こしあん を少しづつ加え、木べらでよく練る。→ 煮る。→ 水あめ を加え、弱火で → 水あめが溶けたら、型に入れて固める。→ 製品
```

[菓子類]
33. キャラメル・キャンディー

1. 歴史・加工の背景

　キャンディーの語源については，アラビア語で"砂糖"をさす「quand」に由来するという説と，ラテン語で"砂糖"をさす「can」と"型に流して固める"をさす「dy」に由来するという説とがある。16世紀の菓子は，砂糖とアラビアガムの粉末を混合してペースト状にしたもので，中東からイタリア，フランス，イギリスに伝わった。1700年頃の**ヌガー**の原料は，砂糖，はちみつ，卵，ナッツ，フルーツであった。18世紀になると，ドロップ，糖衣掛けアーモンド，砂糖漬け果皮などが製造された。**キャラメル**は，19世紀前半に，トルコや東地中海沿岸諸国からの移民によってアメリカへ伝えられ，その後イギリスに渡り，1882年にロンドンでキャラメルの工業的製造が始まった。

　日本での歴史は，飴(あめ)から始まる。「飴」の語源は，"あま"，"あまい"からとされ，720年の『日本書記』に飴に関する記述があり，当時の甘味料は甘葛(あまかずら)であった。江戸時代の初期（17世紀の初め）には，麦芽を用いて大量生産が行われるようなった。千歳あめや求肥あめもこの時期に製造された。キャンディーの多くは，明治時代に伝来した[1]。

2. 製造原理

　キャンディー類は，砂糖を主原料とし，水あめ，乳製品，油脂などの副原料を加えて煮詰めたものである。砂糖溶液を煮詰めることにより5-ヒドロキシメチルフルフラールが生成し，さらにそれらの重合により分子量の大きい物質を形成し，キャラメルの特徴となる食感を呈する。また，加熱による**アミノ・カルボニル反応**や**カラメル反応**により着色の変化が起こり，キャラメル特有の色調を示す。加熱による砂糖溶液の状態変化を利用したキャンディー類として，フォンダン，キャラメル，ヌガー，ドロップ，ベッコウあめなどがある。

33. キャラメル・キャンディー

加熱による砂糖溶液の状態変化

温度（℃）	状　　　態
110～115	糸をひく
115～120	やわらかい玉になる
120～130	ややかたい玉になる
130～135	かたい玉になる
135～140	かたく割れる
140～155	着色する

3. 規格・基準

砂糖溶液を煮詰める温度で分類すると，ハードキャンディー，ソフトキャンディー，その他，に大別される

キャンディーの種類と内容[2]

種　類	内　　　容
ハードキャンディー	150～165℃の温度範囲内で煮詰めたもので，ドロップやタフィーなどが代表例である。製品水分含量が1～2％で，なめたり噛んだりして食感を楽しむキャンディーである。
ソフトキャンディー	110～140℃の温度範囲内で煮詰めたもので，キャラメル，ヌガー，ゼリー，マシュマロなどが代表例である。製品水分含量は5～15％で，水分が多いために食感がやわらかく，噛み心地とおいしさを楽しむキャンディーである。水分含量が多いほど，砂糖が再結晶しやすくなるので，水あめの配合比を増やす必要がある。
その他	ほとんどまたはまったく煮詰めないもので，金平糖などの掛け物，ラムネ菓子などの清涼菓子などが代表例である。

4. 材料・用具

1）原材料（6人分）

水あめ200g，練乳120g，食塩2g，脱脂粉乳30g，砂糖160g，無塩バター60g，バターピーナッツ15g，バニラエッセンス4g，片栗粉（打ち粉として適量）

2）用　具

鍋，ボール（9組），バット，包丁，まな板，木じゃくし，クッキングペーパー，重量計，温度計，測色色差計

[菓子類]

5. 製造工程

水あめ	・水あめは粘性があるので，鍋に直接とる。
↓ 加熱	・弱火で水あめが流動状になるまで加熱する。
練乳, 食塩 →	・練乳，食塩を加える。
↓ 混合	・木じゃくしで混合する。
脱脂粉乳・砂糖・湯の混合物 →	・あらかじめ，脱脂粉乳と砂糖と湯を混合しておき，数回に分けて加える。
↓ 混合	・だまにならないように木じゃくしで混合する。
無塩バター →	・無塩バターを加える。
↓ 加熱溶解	・木じゃくしで混合する。
↓ 加熱濃縮	・中火で加熱濃縮し，焦がさないように木じゃくしで混合する。
細刻したピーナッツ・バニラエッセンス →	・細刻したピーナッツとバニラエッセンスを加える。
↓ 混合	・木じゃくしで混合する。
↓ 型に流す	・型にクッキングペーパーを敷く。
↓ 室温放冷	・あら熱がとれるまで冷ます。
↓ 冷蔵庫内での冷却	・中心部を指で押したときに指の跡が残らなくなるまで冷却する。
↓ 切断	・包丁に打ち粉をして，キャラメル表面に包丁の刃をすべらすようにして切る。
↓ 製品	

【メ　モ】

測定法 色差の測定

キャラメルの着色を客観的に評価する機器として**測色色差計**がある。色の3要素は、色相（色あい）、明度（明るさ）、彩度（鮮やかさ）で、色相は赤、黄、緑、青という言葉で識別できる色の性質、明度は色の明るさの度合い、彩度は、鮮やかさまたは強さの性質である。測色色差計は、これらの3要素を測定することが可能で、市販のキャラメルと比較すると、調製キャラメルの色調の特徴を把握しやすい。

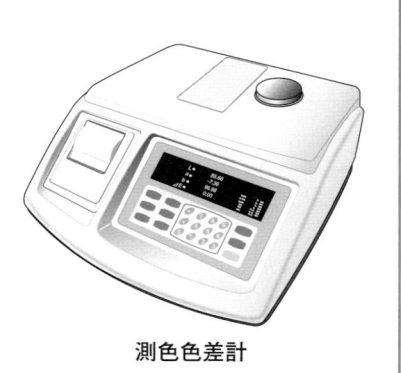

測色色差計

●コラム　フレーバーと着色

食品にはそれぞれ特徴的な香り（フレーバー）、色、味があり、われわれはそれらを視覚、臭覚および味覚を使って認識し、品質、好き嫌いなどを判断している。風邪をひいて鼻が効かないと食べ物がおいしくないなどとよくいわれる。フレーバーと色が食品のおいしさに大きくかかわっていることは容易に理解できる。

▶フレーバー

食品の香りはさまざまな香気成分から成り立っている。食品本来のフレーバーを完全に再現することは難しいが、**表1**に示したように食品を特徴づける香気物質が知られている。また、**表2**に示すように単品香料の組み合わせによって果実のフレーバーを作り出すこともでき、研究が盛んに行われている。フレーバーをつくる香気物質は揮発性のため、食品の加工や調理過程で逸散しやすい。そこで、食品の製造では失われたフレーバーを回復するため香料が使われる。また、ガム、キャンディーなどでは目的とする果実のフレーバーを香料を使って表現することも行われる。

▶着　色

食品はそれぞれ特徴的な色をもっている。緑のクロロフィル、黄色・赤色のカロテノイド、赤色・紫色のアントシアニンなどの色素がよく知られている。色素は可視光線の中のある波長の光を吸収し、吸収されなかった波長の光が色として認識される。リンゴの果皮は赤色以外の波長の光を吸収するのでリンゴは赤色になり、植物の葉に存在するクロロフィルは赤と青の波長の光を吸収するので、吸収されなかった緑が葉の色として見える。色素には動植物界に存在する**天然色素**と**合成（人工）色素**があり、これらの色素は**着色料**ともよばれる。

[菓 子 類]

表1　食品の香りを特徴づける香気物資

食　品	食品の特徴的な香り物質
果　実	フルーティーな香りはテルペン，エステルによる
バナナ	酢酸アミル，イソアミル酢酸，プロピオン酸アミル
グレープフルーツ	ヌートカトン
も　も	ラクトン
野　菜	青臭さはリノレン酸から生成される青葉アルコール，青葉アルデヒド
にんじん	γ-ビサボレン(Z,E)，キャロトール
たまねぎ	n-プロピルジサルファイド，硫化水素など
肉	生肉は硫化水素，メチルメルカプタン，エチルメルカプタン，アセトアルデヒド，アセトン，2-ブタノン，メタノール，エタノール
牛肉（加熱）	脂肪酸，アルデヒド，エステル，エーテル，ピロール，アルコール，ラクトン，ケトン，フランなど
くん煙製品	フェノール，ホルムアルデヒド，アセトアルデヒド，アセトン，クレゾール，脂肪酸，アルコールなど
魚介類	海水魚と淡水魚では異なる。生臭さの主な原因物質は，海水魚はトリメチルアミン，淡水魚はアミン類
乳・乳製品	市販の牛乳には加熱臭が加わる
生　乳	アセトン，アセトアルデヒド，酪酸，メチルスルフィド
チーズ	メチルケトン，ラクトン，アルデヒド，アルコール

表2　単品香料を用いた果実のフレーバーづくり

いちご	エチルマルトール	3g
	シス・トランスヘキサノール	1g
	γ-ウンデカラクトン	1g
バナナ	イソアミルアセテート	3g
	エチルブチレート	1g
	ブチルアセテート	1g
ぶどう	エチルプロピオネート	3g
	メチルアントラニネート	1g
	ジメチルアントラニネート	1g

＊各単品香料10％溶液の採取量

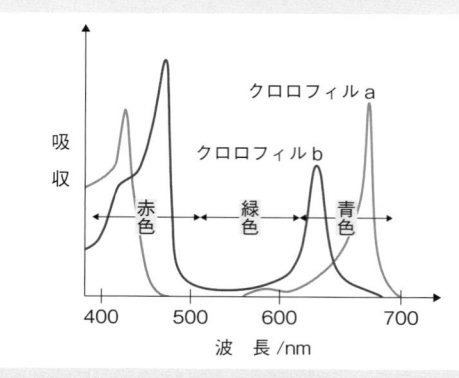

植物の葉の緑色とクロロフィルが吸収する光の波長の関係

文　　献

● 引用文献
総　　論
- 菅原龍幸編著：Nブックス　改訂食品加工学，建帛社（2012）

2．うどん
1) 日本伝統食品研究会：日本の伝統食品事典，pp.25-33，朝倉書店（2007）
2) 日本麺類業団体連合会監修：そば・うどん技術教本　第2巻　うどんの基本技術，pp.18-25，柴田書店（1996）
3) 農文協編：地域食材大百科　第7巻，pp.164-171，pp.220-224，農山漁村文化協会（2012）

4．そ　ば
1) 氏原暉男：食文化・伝統技術に学ぶ　地域資源活用　食品加工総覧　加工品編　第4巻（農文協編），pp.233-238，農山漁村文化協会（1999）
2) 中田敬三：物語　信州そば事典，郷土出版社（1998）

7．りんごジャム
1) 樽谷隆之，北川博敏：園芸食品の流通・貯蔵・加工，p.197，養賢堂（1999）

12．トマトケチャップ
1) シルヴィア・ジョンソン，金原瑞人訳：世界を変えた野菜読本，pp.89-104，晶文社（1999）
2) 福澤美喜男，筒井知巳編：食品加工実習，pp.61-65，建帛社（1996）
3) 緒方邦安：園芸食品の加工と利用，pp.275-283，養賢堂（1978）

20．納　豆
1) 渡辺杉夫：納豆入門，pp.6-8，日本食糧出版社（2009）
2) 渡辺杉夫：納豆，pp.6-8，p.27，農山漁村文化協会（2006）

28．アイスクリーム
1) 桜井一美：アイスクリーム類．ミルクの事典（上野川修一ほか編），p.126，p.135，朝倉書店（2010）
2) 福澤美喜男，筒井知巳編著：食品加工実習，p.93，建帛社（2010）

29．チーズ（カッテージ）
1) 田中穂積：チーズ．ミルクの事典（上野川修一ほか編），pp.97-98，p.100，朝倉書店（2010）
2) 豊沢功，福田満，能岡浄編著：新訂　食品学と食生活―健康で豊かな食生活のために―，p.48，さんえい出版（2005）

32．あん・ようかん
1) 早川幸男：菓子類　素材選択と製品開発．地域資源活用　食品加工総覧　第7巻（農文協編），p.684，農山漁村文化協会（2004）

33．キャラメル
1) 明治製菓：お菓子読本，pp.170-173，明治製菓（1978）
2) 木村次男：キャンディー類．菓子の事典（小林彰夫，村田忠彦編），p.386，p.392，朝倉書店（2000）

● 参考文献・資料
総　　論
- 高野克己，竹内哲夫編著：食品加工技術概論，恒星社厚生閣（2008）
- 田中康夫，松本博編：製パンの科学Ⅰ　製パンプロセスの科学，光琳（1991）

1．あんパン・ロールパン
- 田中康夫，松本博編：製パンの科学Ⅰ　製パンプロセスの科学，光琳（1991）
- 長尾精一編：シリーズ《食品の科学》小麦の科学，朝倉書店（1995）

2．うどん
- 石毛直道：文化麺類学ことはじめ，フーディアム・コミュニケーション（1991）
- 岡田哲：コムギの食文化を知る事典，東京堂出版（2001）
- 奥村彪生：日本めん食文化の1300年，農山漁村文化協会（2009）

3．中華めん
- 仲尾玲子，中川裕子：第6版　つくってみよう加工食品，学文社（2011）
- 坂本一敏：誰も知らない中国拉麺之路 ―日本ラーメンの源流を探る，小学館（2008）

文　献

- 大森大和：パスタマシンで麺道楽，文化出版局（2011）

4．そ　ば
- ベターホーム協会：ベターホームの初めて打つそば・うどん，ベターホーム出版局（2000）
- 唐橋宏，成田重行：こだわりのそば打ち入門　～二八から生粉打ちまで～，NHK出版（2000）

5．こんにゃく
- 仲尾玲子，中川裕子：つくってみよう加工食品，学文社（2011）
- 群馬県特産技術研究会編：新特産シリーズ　コンニャク―栽培から加工・販売まで―，農山漁村文化協会（2006）
- 竹内孝夫：こんにゃくの中の日本史，講談社（2006）
- 日本こんにゃく協会：こんにゃく製品に関する表示基準について

9．みかん瓶詰
- 清水徹朗：みかんの需給動向とみかん農業の課題．農林金融，**55**(8)，農林中金総合研究所（2002）
- 相沢孝亮編：食品加工実習，地人書館（1975）
- 日本缶詰協会：日本缶詰協会創立80周年記念　缶詰業界の歩みと団体の活動（2007）

12．トマトケチャップ
- カゴメ株式会社総合研究所編：トマト―原料編―，カゴメ（2000）
- 日本農芸化学会編：くらしの中の化学と生物4　世界を制覇した植物たち―神が与えた・スーパーファミリーソラナム―，学会出版センター（1997）

14．らっきょう甘酢漬・きゅうりピクルス
- 小川敏男：漬物と日本人，日本放送出版協会（1996）
- 真部孝明監修：農産加工の手引き，日本農業新聞社（1985）
- 近藤栄昭ほか：食品加工学実験・実習書，光生館（1996）

18．豆　腐
- 小川正，的場輝佳編：栄養・健康科学シリーズ　食品加工学　改訂第3版，南江堂（2004）
- 黒川守浩編著：レクチャー食品加工学，建帛社（2000）

25．ロースハム
- 仲尾玲子，中川裕子：つくってみよう加工食品，学文社（2011）
- 日本食肉協議会：食肉加工品の知識，日本食肉協議会（2009）
- 日本食肉協議会：はなしのご馳走―食肉の文化知識情報―1，日本食肉協議会（2010）
- シュミット・木村真寿美：ロースハムの誕生―アウグスト・ローマイヤー物語―，論創社（2009）
- 増田和彦：ソーセージ物語―ハム・ソーセージをひろめた大木市蔵伝―，ブレーン出版（2002）

27．ヨーグルト
- 杉田浩一，平宏和，田島眞ほか編：日本食品大事典，医歯薬出版（2003）
- 片岡榮子，鈴木敏郎，徳江千代子：食品加工学実習，地人書館（2003）

28．アイスクリーム
- 日本アイスクリーム協会：アイスクリームの基礎知識

30．バター
- 上野川修一編：乳の科学，朝倉書店（1996）
- 農文協編：地域資源活用　食品加工総覧　加工品編　第6巻，農山漁村文化協会（2002）

32．あん・ようかん
- 富士製餡工業：あずきの豆知識
- 小林あき夫，村田忠彦編：菓子の事典，朝倉書店（2000）

索引

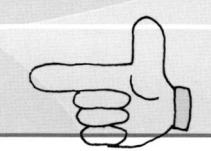

【ア】
アイスクリームミックス　110
アイスミルク　111
赤づくり　90
アク入れ　29
アクトミオシン　86, 94
浅漬け　50
足　86
油揚げ　73
アペール, N.　10
アミノ・カルボニル反応　77, 130
網目構造　12, 19, 86
飴　130
荒粉　26
アリイン　62
アリシン　62
アリチアミン　62
アルコールテスト　35
アルコール発酵乳　107
アルブミン　22

【イ】
イースト　12
一番粉　22
糸引き納豆　78
イモ臭　38

【ウ】
ウエハース　122
ウスターソース　66, 67
うま味　90
梅漬け　58

【エ】
Aw　3
液燻法　7
S-S結合　86
塩化マグネシウム　70
塩漬　98
塩蔵　5, 50, 51
塩分濃度計　93

【オ】
O/W型　118
オーバーラン　110, 113

重石　53
温燻法　7
温度計法　33

【カ】
加圧加熱ソーセージ　95
カード（curd）　106
撹拌　118
撹拌型ヨーグルト　106
加工なめみそ　74
加工みそ　74
ガス保持力　15
カゼイン　114, 121
カッティング　97
かび　5
カプサイシン　62
カラメル反応　130
カロテノイド　49
カロテン　121
缶―規格　105
　―構造　104
　―素材　104
缶検器　85
寒剤　113
かんすい　16, 21
乾燥　4
缶詰　10
缶マーク　85
乾めん　17

【キ】
生地強度　15
きぬごし豆腐　70, 71
キノン体　43
凝固剤（豆腐）　70, 71
凝乳　106
凝乳酵素　114
魚肉ソーセージ　95

【ク】
クエン酸　31, 58
クッキー　122
クッキングフレーバー　94
クックドソーセージ　95
クラッカー　122
グリアジン　12

クリームセパレーター　121
グルコノデルタラクトン　70
グルコマンナン　26
グルタミン酸　90
グルテニン　12
グルテン　12, 125
黒づくり　90
グロブリン　22
クロロフィル　49
くん煙　7, 98

【ケ】
ケチャップ　46
結合水　3
ゲルネットワーク構造　94
減塩梅漬け　61

【コ】
高圧釜　10
好塩菌　5
こうじ　77
香辛料　69
酵素的褐変　43
高糖度ジャム　31
後発酵型ヨーグルト　106
高野豆腐　73
凍り豆腐　73
こし　16
こしあん　126
コップテスト　33
混合ソーセージ　95
混沌　16
こんにゃく粉　26
混和　97

【サ】
サーモフィラス菌　107
差し水　53
殺菌（缶詰）　41, 82
殺菌条件　8
砂糖　125
サブレ　122
サワードウ　15
サワーブレッド　15
酸貯蔵　7

137

索　引

酸乳	107
三番粉	22

【シ】

鼓（し）	74, 78
塩納豆	78
直捏法	12
ジスルフィド結合	86
シソニン	58
下漬け	53
渋切り	127
JAS規格	11
ジャムの3要素	30
自由水	3
充てん豆腐	70, 71
シュリンケージ	113
醸造なめみそ	74
食缶規格	105
シラップ	38, 41
白づくり	90
真空度計	85

【ス】

水中油滴型	118
水分活性	3
スターター	106
スプーンテスト	33
スポンジ構造	125
すまし粉	70
3ピース缶	104
座り	89

【セ】

精粉	26
静置型ヨーグルト	106
セミドライソーセージ	95
ゼリー化	30
ぜんざい	126
前発酵型ヨーグルト	106

【ソ】

蘇（そ）	118
相対湿度	3
測色色差計	133
そばつゆ	25
ソフトキャンデイ	131
ソフト豆腐	71
ソフトビスケット	122
ソフトヨーグルト	106

【タ】

耐浸透圧性酵母	5
大豆発酵食品	74
タウリン	90
脱気	82
立塩法	6, 54
W/O型	118
タンニン	127

【チ】

チャーニング	118
着色	133
中華めん	16
中濃ソース	66, 67
中力粉	16
調味漬け	50

【ツ】

2ピース缶	104
つなぎ	23
粒あん	126

【テ】

低甘味糖類	129
デュラン, P.	10
転化糖	130
天日乾燥	5

【ト】

ドウ（dough）	12
糖液	38
凍結乾燥	5
糖蔵	6
糖度計	33
豆乳	70
豆乳濃度計	73
糖濃度計算式（シラップ）	40
ドブ漬け	58
トマトジュース	46
トマトピューレ	46
ドライソーセージ	95
ドリンクヨーグルト	106

【ナ】

中種法	12
ナチュラルチーズ	115, 117
納豆菌	78, 81
なめみそ	74
ナリンギン	37

【ニ】

にがり	70
ニトロソミオグロビン	94
ニトロソミオクロモーゲン	94, 98
二番粉	22
乳酸	106
乳脂肪球	121
乳清	114
乳製品	107
乳等省令	107
乳等を主要原料にした食品	107

【ヌ】

ヌガー	130

【ネ】

熱燻法	7
ネットワーク構造	86
熱風乾燥	5
練りようかん	126, 129

【ノ】

粘度計	69
濃厚ソース	66, 67
のり	29

【ハ】

ハードキャンデイ	131
ハードビスケット	122
ハードヨーグルト	106
パウチ	10
白濁（みかん缶詰）	41
パスカル秒（Ps·s）	69
パスツール, L.	8
はぜ込み	77
バターミルク	118
発酵漬物	50
発酵バター	118
発色剤	98

索　引

パルパーフィニッシャー 49	pH計 109	【モ】
パン生地 12, 15	ペクチン 30, 35, 37	戻り 89
パン酵母 12	ヘスペリジン 41	もめん豆腐 70, 71
【ヒ】	【ホ】	【ヤ】
火入れ 8	ホイートサワーブレッド 15	薬念（ヤンニョム） 62
挽きわり納豆 81	ホエー（whey） 106, 114	【ユ】
醤（ひしお） 50, 74, 78	ボツリヌス菌 41	有塩バター 118, 125
非発酵バター 118	ポリフェノール 49	有機酸 31
ビフィズス菌 107	ポリフェノールオキシダーゼ（PPO） 43	油中水滴型 118
品質表示基準 11		湯煮 98
瓶詰 10	ポリペプチド 78	湯葉 73
【フ】	本漬け 53	【ヨ】
普通みそ 74	【マ】	ようかん 126
腐敗細菌 5	マーマレード 30	【ラ】
フラクタン 78	マイクロ波乾燥 5	ライサワーブレッド 15
フラボノイド色素 16, 21	撒塩法 6	酪（らく） 106
Brix 33	【ミ】	ラクトアイス 111
ブルガリクス菌 107	ミオグロビン 94, 98	ラミネートパウチ 10
フレーバー 133	ミオシン 86	【リ】
プレーンヨーグルト 106	ミックスジャム 30	リーンパン 13
プレザーブジャム 30	【ム】	リコペン 49
フレッシュチーズ 114	無塩漬 101	リッチパン 13
フローズンヨーグルト 106	無塩漬ソーセージ 95	硫酸カルシウム 70
プロセスチーズ 115	無塩バター 118	【レ】
プロトペクチン 30	蒸しようかん 126	冷燻法 7
噴霧乾燥 5	【メ】	冷凍すり身 89
【ヘ】	メト化 97	レトルト 10
ベーキングパウダー 125	メトキシル基 30	レンネット（rennet） 114
pH 7, 9		【ロ】
		老化（うどん） 17

編著者

宮尾 茂雄（みやお しげお）　東京家政大学大学院 客員教授
高野 克己（たかの かつみ）　元 東京農業大学 教授

共著者（50音順）

太田 利子（おおた としこ）　NPO法人カビ相談センター 監事
太田 義雄（おおた よしお）　元 中国学園大学 教授
塩見 慎次郎（しおみ しんじろう）　元 くらしき作陽大学 教授
谷岡 由梨（たにおか ゆり）　東京農業大学 国際食料情報学部 准教授
谷口 亜樹子（たにぐち あきこ）　東京農業大学 農業部 教授
仲尾 玲子（なかお れいこ）　元 山梨学院大学 教授
野口 智弘（のぐち ともひろ）　東京農業大学 応用生物科学部 教授
古庄 律（ふるしょう ただす）　東京農業大学 国際食料情報学部 教授
吉田 惠子（よしだ けいこ）　元 つくば国際大学 教授
渡辺 雄二（わたなべ ゆうじ）　大妻女子大学 家政学部 教授

食品加工学実習テキスト

2013年（平成25年）3月25日　初版発行
2023年（令和5年）7月20日　第8刷発行

編著者　宮　尾　茂　雄
　　　　高　野　克　己
発行者　筑　紫　和　男
発行所　株式会社 建　帛　社
　　　　KENPAKUSHA

〒112-0011　東京都文京区千石4丁目2番15号
　　　　　　TEL (03) 3944-2611
　　　　　　FAX (03) 3946-4377
　　　　　　https://www.kenpakusha.co.jp/

ISBN 978-4-7679-0476-4　C3077　　教文堂印刷／常川製本
Ⓒ宮尾, 高野ほか, 2013.　　　　　Printed in Japan

本書の複製権・翻訳権・上映権・公衆送信権等は株式会社建帛社が保有します。
JCOPY〈出版者著作権管理機構 委託出版物〉
本書の無断複製は著作権法上での例外を除き禁じられています。複製される場合は、そのつど事前に、出版者著作権管理機構（TEL 03-5244-5088, FAX 03-5244-5089, e-mail : info@jcopy.or.jp）の許諾を得て下さい。

本書の実習で使用する機器

1	あんパン・ロールパン	恒温器	オーブン	ボール	バンジュウ	天板	めん棒
2	うどん	恒温器	鍋	ボール	めん切り包丁	めん棒	ざる
3	中華めん	製めん機(パスタマシーン)	ボール(ステンレスまたはホーロー製)	包丁	のし板(まな板)	めん棒	ふきん
4	そば	木鉢(ボール)	包丁	まな板(切り板)	めん棒	のし台	こま板
5	こんにゃく	鍋(ステンレスまたはホーロー製)	泡立て器	包丁	ゴムべら	箱型(ステンレス製深型組バット2号)	重量計
6	いちごジャム	鍋(ステンレスまたはホーロー製)	ボール	ざる	木じゃくし	容器瓶・ふた	重量計
7	りんごジャム	鍋(ステンレスまたはホーロー製)	ボール	包丁	木じゃくし	裏漉し器	ふきん
8	マーマレード	鍋(ステンレスまたはホーロー製)	ボール	ざる	木じゃくし	さらし布	容器瓶・ふた
9	みかん瓶詰	鍋	蒸し器	ボール	バット	金網	ざる
10	びわ瓶詰	鍋	蒸し器	穿孔器	種子抜き器	壁膜除去器	ボール
11	もも瓶詰	鍋	蒸し器	ボール	ざる	包丁	容器瓶・ふた
12	トマトケチャップ	ミキサー	鍋(ステンレスまたはホーロー製)	蒸し器	ボール	トレイ	バット
13	ふくじん漬け	圧搾器	鍋	ボール	ざる	木じゃくし	玉じゃくし
14	らっきょう甘酢漬	シーラー(シール器)	漬け込み容器	ざる	重石	押しぶた	包丁
14	きゅうりピクルス	シーラー(シール器)	漬け込み容器	重石	押しぶた	ポリ袋(小)	重量計
15	梅干し	漬け込み容器	ボール	重石	押しぶた	ざる	かめ
16	はくさいキムチ	鍋	ボール	アルミ角盆	ざる	包丁	まな板
17	中濃ソース	ミキサー	鍋	包丁	ゴムべら	木じゃくし	玉じゃくし
18	もめん豆腐	ミキサー	豆腐木箱	鍋(ステンレス製)	ボール	小ビーカー	重石
19	みそ	オートクレーブ(圧力釜)	ミキサー	ボール	ふた付きホーロー容器	重石	押しぶた
20	納豆	オートクレーブ(圧力釜)	恒温器	穴あきフィルム	発砲スチロール容器	重量計	
21	さんま味付缶詰	オートクレーブ(圧力釜)	巻き締め機	蒸し器	ボール	ざる	包丁
22	かまぼこ	フードプロセッサー	蒸し器	ボール	包丁	まな板	すり鉢
22	さつま揚げ	フードプロセッサー	鍋	ボール	バット	包丁	まな板
23	いか塩辛	ボール	泡立て器	包丁	まな板	広口瓶	重量計
24	ソーセージ	くん煙器	フードプロセッサー(サイレントカッター)	ひき肉器	スタファー(ケーシング器)	鍋	包丁
25	ロースハム	くん煙器	スモーカー用フック	スモークウッド・チップス	ボール	チャック付き保存袋(容量3kg)	包丁
26	牛肉大和煮缶詰	オートクレーブ(圧力釜)	巻き締め機	鍋	蒸し器	泡立て器	包丁
27	ヨーグルト	恒温器	耐熱広口瓶(容量1kg)	薬さじ	充てん用カップ	重量計	計量カップ
28	アイスクリーム	冷蔵庫	鍋	ボール(大きさの異なる2組)	プラスチック製へら	重量計	温度計
29	チーズ(カッテージ)	鍋	レモン搾り器	プラスチック製へら	搾り袋	重量計	温度計
30	バター	チャーニング用瓶(容量300g)	ステンレス製バット	さじ	さらし布	容器瓶(容量100g)	重量計
31	ビスケット	オーブン	冷蔵庫	型抜き	ボール	ケーキクーラー(網)	泡立て器
32	あん・ようかん	ミキサー	鍋	ボール	裏漉し器	すり棒	木べら
33	キャラメル・キャンディ	鍋	ボール(9組)	バット	包丁	まな板	木じゃくし